HOW IT WORKS

最先端ビジュアル百科

「モノ」の仕組み図鑑 7

ジャイアントマシーン

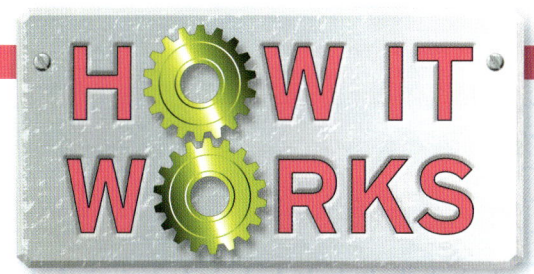

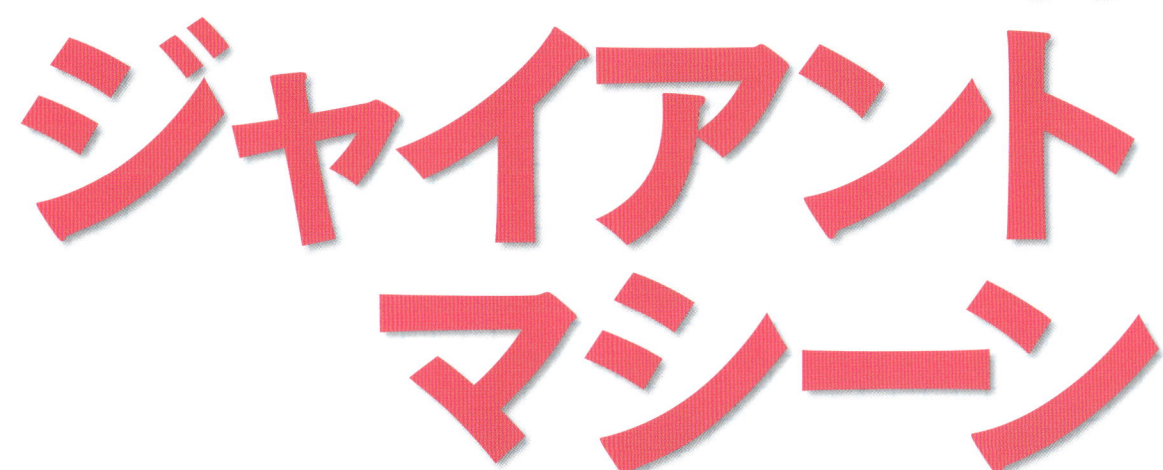

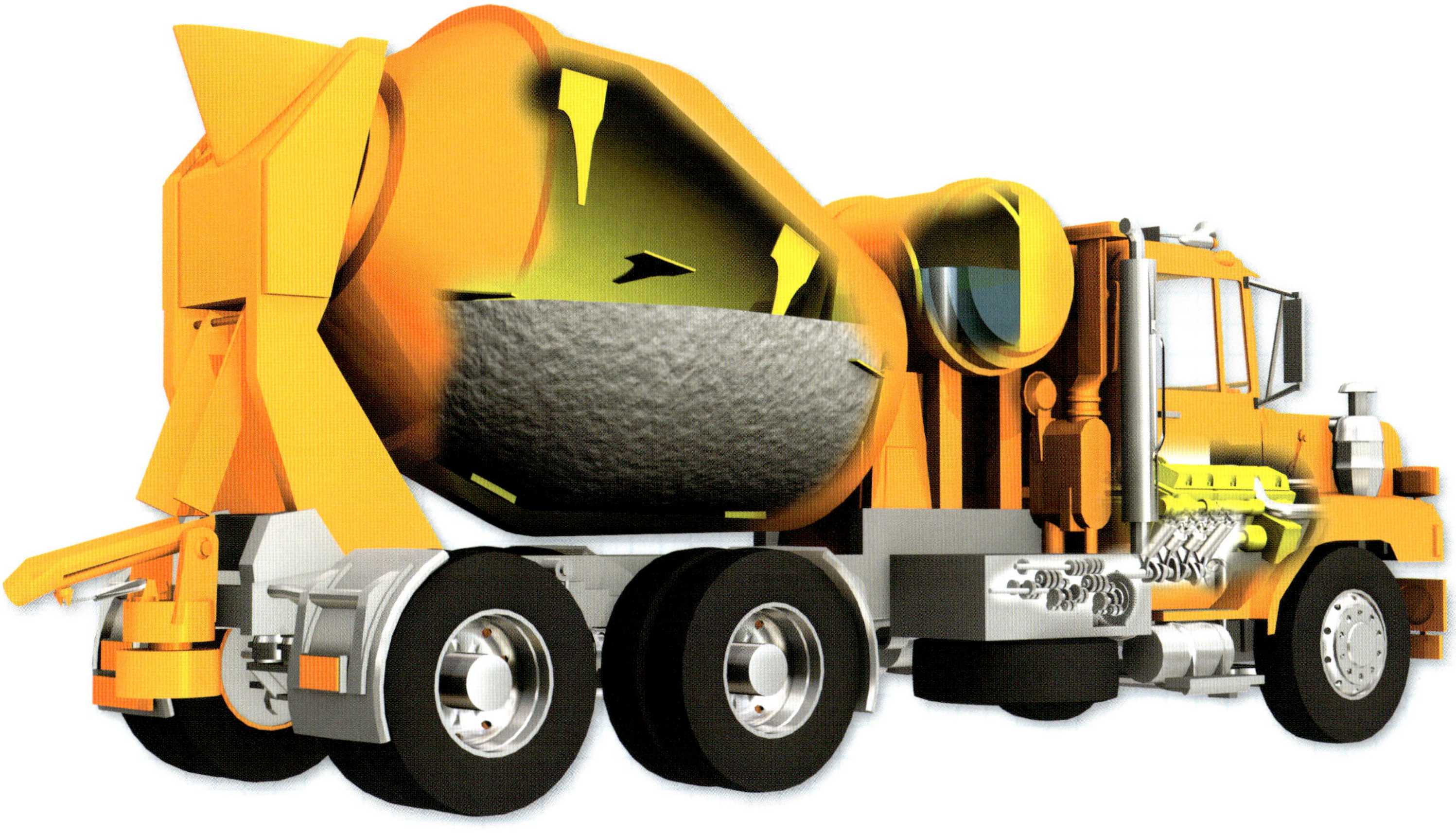

ゆまに書房

ACKNOWLEDGEMENTS

All panel artworks by Rocket Design
The publishers would like to thank the following sources for the use of their photographs:
Alamy: 23 Jim Parkin; 26 Jim West
Corbis: 4(t) Bettmann, (c) Patrick Pleul/dpa
Dreamstime: 7 Vladikpod; 9 Orientaly; 15 Orangeline; 25 Amaranta
Fotolia: 16 Paul Fearn; 18 Jose Gil
Getty Images: 28, 30 AFP
iStock: 21 Joe Gough
Photolibrary: 5(c); 11 Glow Images; 18 Con Tanasiuk; 33 Bernd Laute
Rex Features: 12 Nicholas Bailey; 34 Paul Grover
Science Photo Library: 5(r) Ria Novosti
All other photographs are from Miles Kelly Archives

HOW IT WORKS : Giant Machines
Copyright©Miles Kelly Publishing Ltd
Japanese translation rights arranged with Miles Kelly Publishing Ltd
through Japan UNI Agency, Inc., Tokyo

もくじ

はじめに ……………………… 4

ビッグフット ………………… 6

トラクター …………………… 8

コンバイン …………………… 10

バックホウローダー ………… 12

ミキサー車 …………………… 14

ダンプトラック ……………… 16

ブルドーザー ………………… 18

ホイールローダー …………… 20

スクレーパー ………………… 22

移動式クレーン ……………… 24

キャリアカー ………………… 26

トンネル掘進機 ……………… 28

NASAクローラートランスポーター …… 30

バケットホイール掘削機 ………… 32

ロンドンアイ ………………… 34

用語解説 ……………………… 36

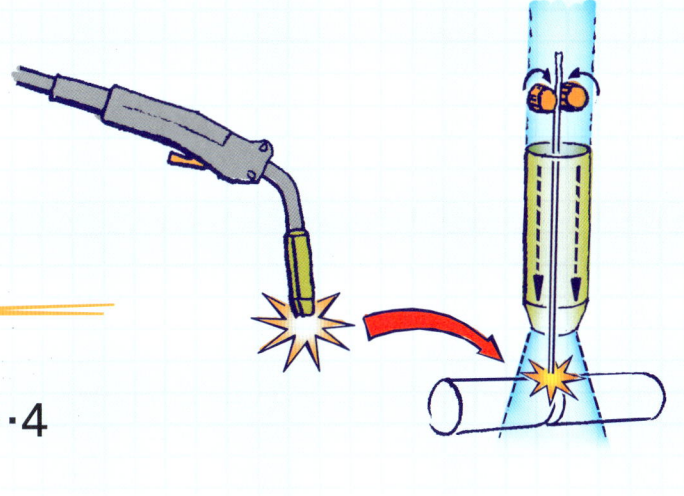
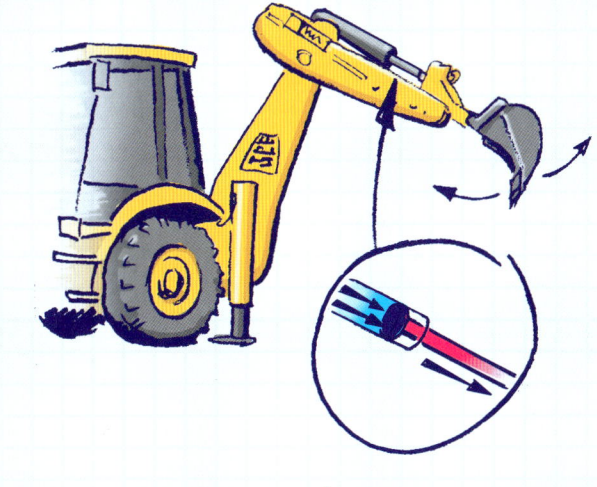

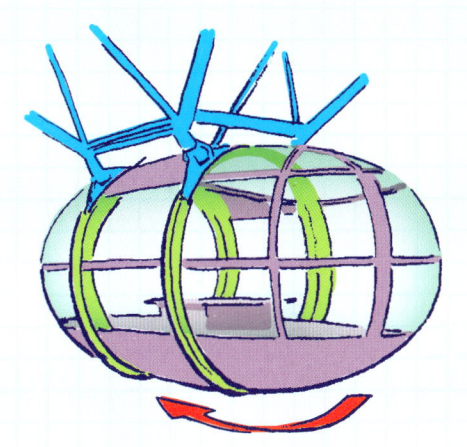

はじめに

機械って、大きければ大きいほどいいのかな？　その答えはイエス——でもあり、ノーでもある。もちろん小さいものとくらべれば、大きいほうが短い時間で、たくさんの仕事をこなせる。つまり、時間も労力も少なくてすむわけだ。たいていの場合は、より少ない燃料でより多くの仕事をするから、エネルギーをうまく使っていることにもなる。それになんといっても、巨大なものはかっこいい。買うなり借りるなりして手に入れたいという、強い気もちが生まれるし、仕事上のライバルにしてみれば、あせるにちがいない。だけど、逆にこまることもある。たとえば、細い道やせまいトンネル、弱い橋などは通るのがむずかしい。それに故障したりすれば、交換用の部品を買うにも運ぶにも、すごく高くついてしまうんだ。

石炭と水をつんだ1890年の蒸気トラクター。あまりに大きくて重いので、広まらなかった。

主役は金属へ

古代ギリシャやローマでも、滑車を使ったクレーンや大きなてこ、投石機といった初期の大型機械が使われていた。ただ、たいていは木でできていて、金属は一部の小さな部品に使われている程度だったんだ。金属製の大きな部品をつくる技術が確立したのは、産業革命が始まった1760年代のこと。最初は鉄で、それからスチールのものがつくられるようになった。

1日に何千トンもの岩を飲みこむ巨大な掘削機

怪力の仕組み

機械も車も、最初のころは人間や動物が動かしていた。だけど、家ほどの大きさのものは、とてもむり。そんな状況を大きく変えたのが、18世紀後半から19世紀初めにかけての産業革命、すなわち蒸気機関の発明だった。1900年までには蒸気エンジンにかわって、ガソリンエンジンやディーゼルエンジンが登場し、やがて巨大な電気モーターが使われるようになった。最大級のトラックや建設機械、機関車などは、ディーゼル・エレクトリック方式のエンジンで動いているんだ（P31も見てみよう）。

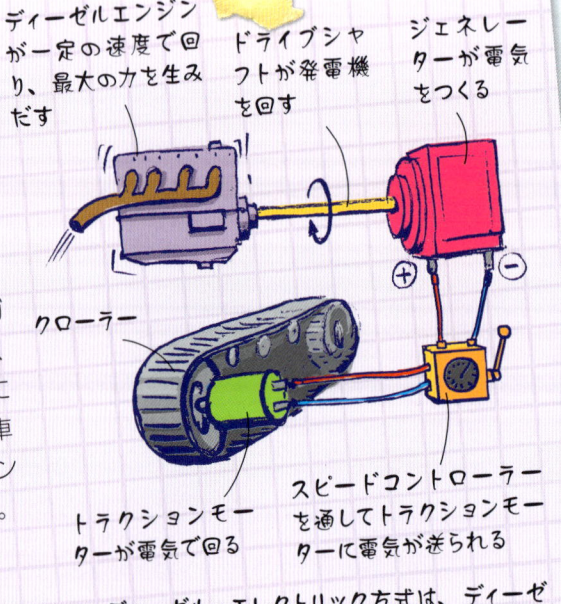

ディーゼルエンジンが一定の速度で回り、最大の力を生みだす

ドライブシャフトが発電機を回す

ジェネレーターが電気をつくる

クローラー

トラクションモーターが電気で回る

スピードコントローラーを通してトラクションモーターに電気が送られる

ディーゼル・エレクトリック方式は、ディーゼルと電気のいいところを組み合わせている

>>> ジャイアントマシーン <<<

ジャイアントマシーンの時代

今の世の中は、石炭や石油などのエネルギー源や、金属などの原材料がなくては、やっていけない。もっと広い家を、店を、仕事場を、もっとたくさんの食べものをと、きりがないからだ。その要求にこたえるために、掘削機、ダンプトラック、ブルドーザー、クレーン、コンバインといった機械は、どんどん巨大化していく。そうなると、機械をつくるにも使い続けるにも、そのための新しい工場やサービスセンター、部品輸送用のトラックなどが必要になる。巨大な機械はふえる一方というわけだ。

油圧あるいは電気の力でアウトリガーをはり出す

クレーン

ベースプレートまで下がった足が地面をふみしめる

タイヤは弾力があってふらつきやすいので、うかせておく

何十トンつり上げても、移動式クレーンはひっくり返らない

いったい何本あるんだろう？ 巨大サイロ（穀物などの貯蔵庫）を運ぶマルチトレーラーのタイヤは、すごい数だ。

どこまで巨大化するんだろう？

機械も車も、いったいどこまで大きくなるんだろう。わたしたちの地球はこの先、エネルギー不足、環境破壊、気候変動など、さまざまな問題に悩まされるだろう。このあたりのことが、未来の機械の大きさに影響しそうだ。

あのスペースシャトルも、巨大な輸送機で運んでもらう。

いつかきっとジャイアントマシーンにかわって、もっと小さくて、もっとかしこい機械の時代がくるよ。

ビッグフット

1970年代の初登場以来、ビッグフットのようなモンスタートラックは、見る人の目をくぎづけにしてきた。フォードF-250といったふつうの小型トラックの車体に、大型トラックや軍用車両のサスペンションとドライブシャフト、車軸をくっつけた車で、しずみにくい特大タイヤはトラクターやコンバインと同じもの。タイヤだけでも人間より大きいから、運転席は地上3メートルにもなる。

へえ、そうなんだ！

初代ビッグフットは1975年、建設現場で働いていたボブ・チャンドラーによってつくられた。週末のオフロード・ドライブが趣味だったんだ。その後も、展示用のものから、レースやジャンプ用のもの、宙返りなどのスタントをするためだけのものなど、たくさんのモンスタートラックが誕生している。

この先どうなるの？

これまでに20台近い公式ビックフットが誕生した。さらに大きいものをつくろうと、鉱山用ダンプトラックの巨大タイヤを使う計画も進行中だ。

ビッグフット・ファーストラックスは、アメリカ陸軍のM84装甲兵員輸送車を改造したものだ。だから、7.5リットルのエンジンを2基も搭載している。

排気マニホールド　マニホールドのチューブが各シリンダーの排気ガスを集めて、両サイドにひとつずつある排気管へと流す。

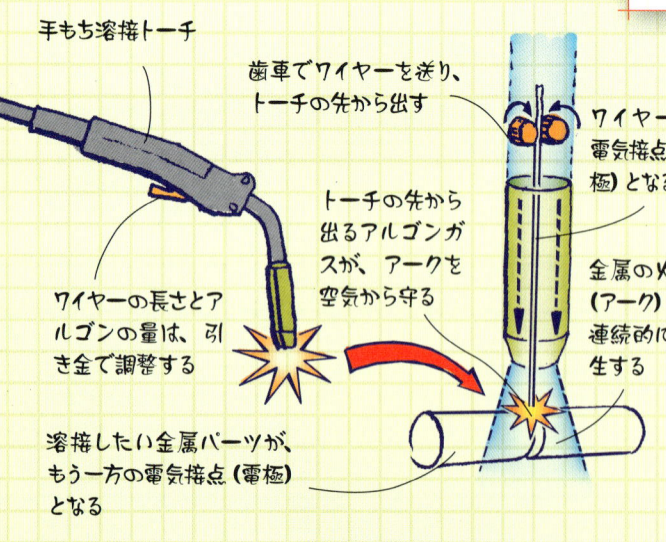

- 手もち溶接トーチ
- 歯車でワイヤーを送り、トーチの先から出す
- ワイヤーが電気接点（電極）となる
- トーチの先から出るアルゴンガスが、アークを空気から守る
- 金属の火花（アーク）が連続的に発生する
- ワイヤーの長さとアルゴンの量は、引き金で調整する
- 溶接したい金属パーツが、もう一方の電気接点（電極）となる

✷ 溶接ってどうやるの？

金属パーツをものすごく高い温度に熱して、とけかけた端どうしをつなぐことを「溶接」という。ガスバーナーの熱い炎を使うガス溶接に対して、アーク溶接で使うのは電気。溶接したい金属のパーツと、やわらかいワイヤーとで電気の通り道をつくるんだ。ワイヤーはつなぎ用で、溶接トーチの先から少しずつ出てくるようになっている。それが金属パーツにふれると電気回路が閉じ、電気が流れて高温の火花（アーク）が連続発生するというわけだ。熱でとけたワイヤーはあつあつの接着剤となって、パーツとパーツの間にはいりこむ。

ブレーキ　ビッグフットの車体自体は、たいして重くない。でも、重いホイールとタイヤが回るとなると、速度を落とすにはディスクブレーキの力が必要だ。

デファレンシャル　角を曲がるとき、「デフ」ともよばれるこのギアが働く。外側をまわる車輪の速度を上げるためだ（P17も見てみよう）。

公式ビッグフットのシリーズは1号から始まって、今もずっと続いている。ただし、13号は存在しない。不吉な番号だからだ！

>>> ジャイアントマシーン <<<

1999年、ビッグフット14号が61メートルごえの大ジャンプに成功した。ボーイング727の機体を、ひとつとびだ。

車体 モンスタートラックの車体は、スチール製のものをそのまま使う場合もあるし、軽くて柔軟で、さびの心配もないガラス繊維強化プラスチック（GRP）でつくる場合もある。

アクションショーでスクールバスをとびこすモンスタートラック

✶ 見どころはジャンプ！

ビッグフットをはじめとするモンスタートラックが集まって、レース場や博覧会場で特別なショーをすることがある。重いトレーラーを引っぱるような競争や、高とびや幅とび、火の輪くぐりなんかをするんだ。事故など万が一のときの救急部隊として、救急車や切断装置をそなえた消防車などがスタンバイしている。

リヤデフ

トレッド トレッドのみぞにつまった砂や泥、落ち葉などは、高圧洗浄機で洗い流しておく。グリップ力が落ちないようにするためだ。

フローテーションタイヤ しずみやすいトラクションタイヤとちがって、この巨大タイヤはやわらかい地面にも、うかぶように乗ってしずまない。だから、グリップもききやすい。スピードを出したまま曲がると、トラクションタイヤならスリップしてしまう。

サスペンション 何列もあるショックアブソーバー（油圧ダンパー）のおかげで、車軸のかたむきやゆれ、振動にも車体はあまり影響をうけないし、ハンドルをとられることもない。

ビッグフットの中古車べしゃんこショーは、1981年の悪ふざけが始まりだ。

モンスタートラックに「グレイブディガー（墓ほり）」という、シボレーの1950年型パネルバンを改造したシリーズがある。両サイドにおぞましい絵がえがかれていて、赤いヘッドライトが悪魔の目みたいに光るんだ。

(7)

トラクター

工業化された現代の農業では、巨大なトラクターはどれだけでもいうことをきく「使役馬」のようなもの。干し草のたばから子牛や羊まで、なんでもトレーラーにのせて引っぱってくれるし、何十種類もの作業機をPTO（動力取出装置）に接続することもできる（くわしくは下の説明を見てみよう）。大きなディーゼルエンジンはうるさい上に重いけど、たよりになる。動きは遅くても力もちで、調整や点検・修理もかんたんだ。

へえ、そうなんだ！

馬や雄牛、水牛のかわりとして蒸気機関車のエンジンを使うようになったのは、1850年代のこと。ディーゼルエンジンやガソリンエンジンのトラクターが一般的になったのは、1900年代になってからだ。

この先どうなるの？

環境への負担をへらそうと、より単純で「エコ」な農法への試みが進められている。耕すのをやめて、前年からの土にそのまま種をまく農家もあるんだ。

大型トラクターのエンジンは750馬力以上。F1カーなみの力強さだ。

トラクターは3〜6個のメインギアにくわえて、副変速装置もそなえている。だから、ギアの組み合わせは、場合によっては18通り以上にもなる。

PTOが世に出たのは1918年のこと。第1次世界大戦中の研究の「たまもの」でもあったんだ。

✲ PTOの仕組み

エンジンの回転力をトラクターからとりだす特殊な接続部のことを、PTO（動力取出装置）という。PTOはふつうトラクターの後ろにあり、種まき機（植えつけ機）から刈取機、草刈り機、干し草たばね機、肥料や農薬の散布機まで、あらゆる機械をつなぐことができる。つまり、それらの機械にエンジンは必要ないんだ。引っぱるためのけん引棒や連結装置は、ちゃんと別にある。操作は運転席からできるようになっていて、そのためのギアボックスは車輪とはつながっていない。だから、トラクターを停止させたままPTOを動かすことも可能だ。たいていのトラクターは、電気を供給する接続部や油圧リンクもそなえている。

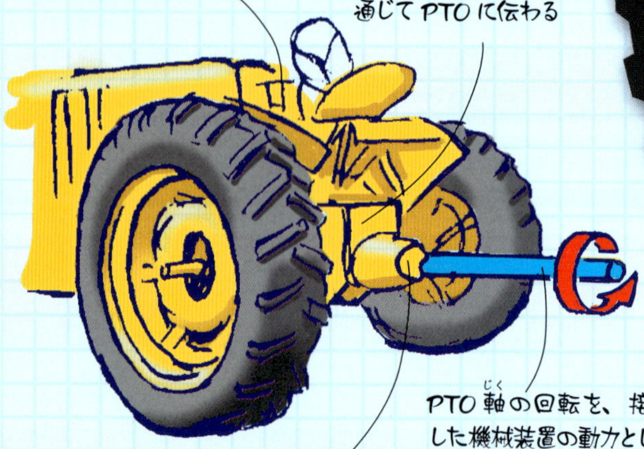

PTO軸 PTOの連結部は、たいていトラクターの後ろ側にある。前や、ときには横にもついているトラクターもあるけど、一度に使えるのはどれか1カ所だけだ。

はしご

泥よけ

ダブルタイヤ とてもやわらかい土の上を走る場合、タイヤの外側に、もうひとつタイヤを装着することができる。道路を走るときは外して、スリムに変身だ。

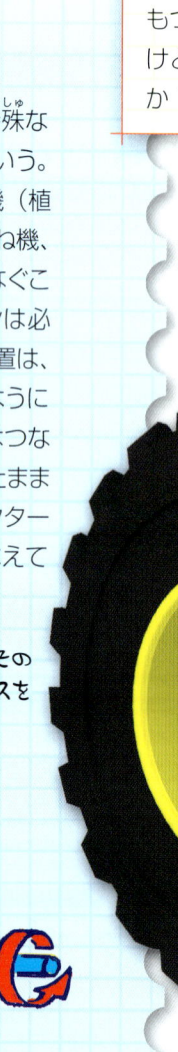

PTOの操作部はトラクターの運転席にある

エンジンが回ると、その回転力がギアボックスを通じてPTOに伝わる

PTO軸の回転を、接続した機械装置の動力として使う

PTO連結部

8

>>> ジャイアントマシーン <<<

✱ そっとやさしく

生活の糧をはぐくんでくれる大地を、農家の人たちはとても大切にしている。頭の痛い問題のひとつが、「圧密」。土が押しつぶされて、かたくなってしまうことだ。植物が育つのに必要な空気や水が押しだされて、カチカチになってしまった土では、植物は根をのばせない。そこで、農家では低圧の大きなタイヤを使ったり、あるいは小さなタイヤをたくさん使ったりしている。地面に接する面積をふやせば、トラクターの重みが分散されて、土にかかる圧力がへるからだ。

高い運転席 360度見わたせる運転席は、エアコン完備だ。おかげで暑さや寒さにわずらわされることなく、作業に集中できる。

ダブルタイヤは土にやさしい。

背の高い排気管

ラジエーター

アーティキュレート・ステアリング このトラクターの前半分と後ろ半分は、関節のような金具でつながっている。だから、車体を中央で折り曲げて、方向を変えることができる（P20も見てみよう）。

2005年、ケース社の「スタイガーSTX500Q」というトラクターが、24時間で321ヘクタールを耕した。正方形にすると、1辺が1.8キロにもなる広さだ。

エンジン 大型トラクターの多くがV8や、ときにはV12のターボチャージャーつきディーゼルエンジンを使っている。ガソリンエンジンにくらべて、低温でもかかりやすいのが特長だ。燃料の異常燃焼によるノッキングや、手あらなあつかいにも強い。

クランクシャフト エンジンの底にあるクランクシャフトには、コネクティングロッドを介してピストンが連結されている。両端のメインベアリングも欠かせない部品だ。

トラクションモーター このトラクターは、ディーゼル・エレクトリック方式を採用している。ディーゼルエンジンで発電機を動かして、車輪を回すモーター用の電気をつくるやり方だ（P31も見てみよう）。

9

コンバイン

イネや麦などの穀物を刈り取る「刈取機」と、刈り取った穀物を価値のある実の部分（穀粒）と、わら（茎）などのあまり価値のない部分とにわける「脱穀機」。これら2つを合体（コンバイン）させたものが、「コンバイン」だ。農場で働く車の中で、サイズも一番なら値段も一番。大きなディーゼルエンジンで1万個以上の部品を動かして、100人分の仕事をしてくれる。

へえ、そうなんだ！

1800年代は刈取機と脱穀機が別になっていて、それぞれを家畜が引いていた。やがて家畜が蒸気で走る車にかわり、そしてトラクターになった。自力で動くコンバインが初めてつくられたのは、1950年代のことだ。

この先どうなるの？

衛星写真を使えば、どこの何が収穫時期にきているかを毎日確認することができる。その指示をコンバインのGPSナビゲーションシステムに入力すれば、あとの作業はほとんど全自動というわけだ。

最新式のコンバインにはGPSばかりか、飛行機のような自動操縦システムまでついている。おかげで草原みたいに広い農地でも、まっすぐ走らせることができる。

大型のコンバインは、長さ10メートル、幅5メートル、高さ4メートルにもなる。重さは20トン以上。しかもそれは、穀物をつむ前の重さだ。

前部運転席 近ごろの運転席は、スイッチやモニターだらけだ。古くなって交換が必要な部品も、ちゃんと教えてくれる。

刈り刃 するどい刃がバリカンのように、作物を根元からきれいに刈り取る。あとに残るのは、ずらりとならんだ短い刈り株だけだ。

リール リールなどの刈り取り部は、穀物にあわせて部品や設定を変えられるようになっている。イネ、麦、大豆など、ものによって植物の形がちがうからだ。

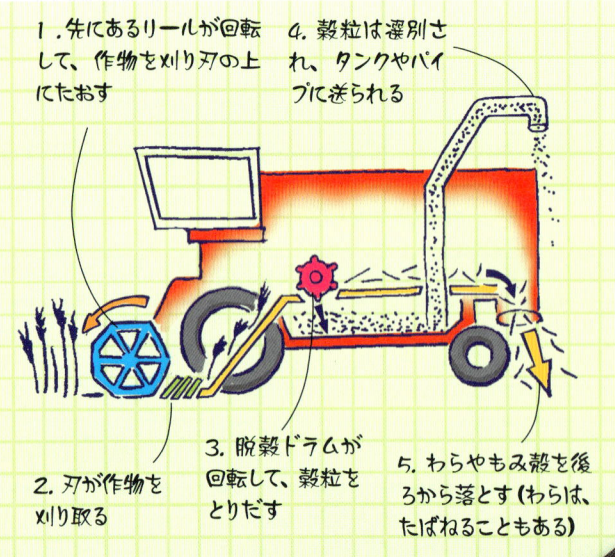

1. 先にあるリールが回転して、作物を刈り刃の上にたおす
2. 刃が作物を刈り取る
3. 脱穀ドラムが回転して、穀粒をとりだす
4. 穀粒は選別され、タンクやパイプに送られる
5. わらやもみ殻を後ろから落とす（わらは、たばねることもある）

✱ コンバインの仕組み

穀物の場合、収穫の最初の作業はたいてい「刈り取り」だ。コンバインの先にある回転刃で、作物を刈り取っていく。その次が「脱穀」といって、穀粒を不要物からとりだす作業。それから、かわいた軽いもみ殻（穀粒のまわりのかわいた外皮）をふき飛ばす「選別」と続く。収穫した穀粒は、コンバインのタンクにためていく。あるいは、トラクターに引かせたトレーラーをとなりに走らせて、パイプで送りこむ方法もある。

>>> ジャイアントマシーン <<<

✴ 機械化農業

生産性の高い現代の「集約農場」は、トラクターやコンバイン、散布機といったジャイアントマシーンにたよりきりだ。こういった機械は、つくるにも使うにも、すごい量のエネルギーや資源を必要とする。でも、その収穫の速さときたら、単純で原始的な方法とはくらべものにもならない。おかげで収穫時期をのがさずにすむから、まだ青かったとか、熟れすぎてしまったといったむだがへるんだ。

コンバインは高価なものだ。小規模農家や穀物の栽培量が少ない農家なら、運転手つきで借りたほうがいいかもしれない。何軒かで1台買って、共有するという手もある。

収穫時をむかえた広大な農地。コンバイン部隊の出動だ。

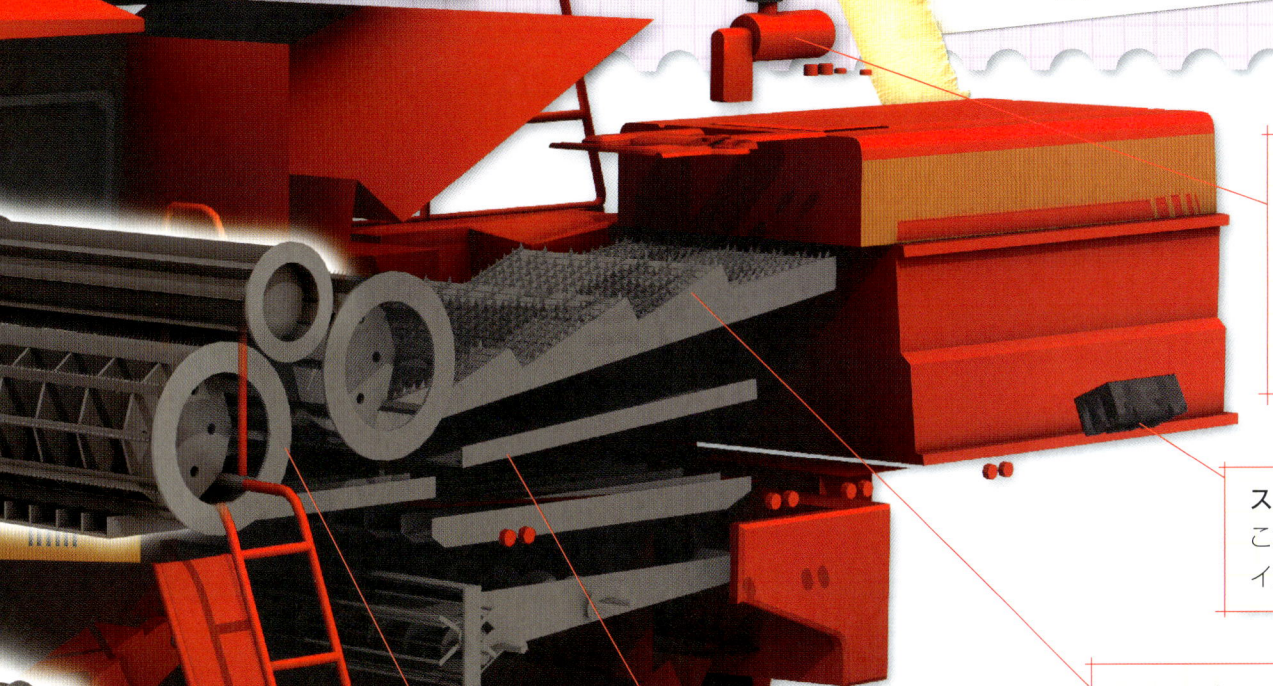

はしご

アンローダー このコンバインの場合強力なファンで高圧の空気を送り、アンローダーからトレーラーへと穀粒をうつす。

スプレッダー わらはここから排出され、コンバインの後方に落ちる。

ストローウォーカー わらなどの不要物は、散布や結束のためにコンベヤーで後ろへ送られる。

脱穀ドラム ドラムの回転と振動にゆすぶられて、穀粒が穂や殻から外れる。

シーブ シーブ（ふるい）の穴から落ちた穀粒は、コンバインの底にたまる。貯蔵タンクへと送られる場合もある。

傾斜面での収穫もだいじょうぶ。レーザーでかたむきを感知して、頭のリール部分を左右とも最大5度まで、かたむけることができるんだ。

11

バックホウローダー

建設現場に、かならず1台はある穴ほり機。日本ではパワーショベルがおなじみだけど、海外では、バックホウローダーとよばれるタイプをよく見かける。前についているのが「ローダー」といって、大きなものを地面からすくい上げるためのバケット。そして、後ろにある長い手のような小さめのバケットが、ものをもち上げるだけでなく、地面をほることもできる「バックホウ」だ。バックホウのバケットには、いろんな幅のものがある。

へえ、そうなんだ！

1950年代にイギリスの機械メーカーJCバンフォード（JCB）社が、世界に先がけてバックホウローダーを開発した。それが1960年代になって、アメリカへ、世界へと広まっていったんだ。だから、バックホウローダーのことを「JCB」とよぶ人もいる。

この先どうなるの？

地面にバックホウの先を押しこむには、すごい力が必要だ。少しでも食いこみやすくしようと、振動で土をゆるめるようなホウバケットが試作されている。

ジョセフ・シリル・バンフォードという人がJCB社を設立したのは、第2次世界大戦の終わった1945年。戦後の再建ラッシュにのったんだね。

1948年当時、JCB社の社員はわずか6人だった。それが、今では7000人もいる。

油圧ラム シリンダーにはいったピストンの片側を油圧で押すと、ピストンは押されたむきに動く。油圧で反対側を押すと、今度は逆むきに動く（右ページも見てみよう）。

ローダーバケット 主な操作レバーは2つ。バケットのついたアームを上下させるためのものと、バケットをかたむけるためのものだ。

エンジン

ダンスをしながら、みごとなバケット操作を披露する3台

✳ 穴ほり機の休日

バックホウローダーやスクレーパー、ダンプだって、土にまみれてきつい仕事をやるばかりじゃない。楽しい姿も見てもらおうと、巨大な建設機械のイメージアップにつとめている会社がある。たとえば、JCB社の「ダンシング・ディガーズ（おどる穴ほり機）」というチームは、バケットをささえにして車体をもち上げたり、くるくるとスピンをしたり、さらには、バックホウを遠くまでとどくかぎ爪のように使って、急な坂をのぼったりと、いろんなわざを披露してくれる。これが強さや性能、安全性のアピールでもあるわけだ。

歯

世界一大きなバックホウローダーの工場が、インド北部のバラブガーにある。インドのセメント研究所もある町だ。

ローダーアーム ローダーバケットは、地面よりあまり低くは下がらない（P20も見てみよう）。高さの設定を「ゼロ」にして前進すれば、地面をならすことができる。

>>> ジャイアントマシーン <<<

回転灯

強化運転席　もち上げたものが重すぎてひっくり返ったり、うっかりみぞにはまったりしたときのために、運転席のフレームはがんじょうにできている。

高圧ホース　ぶあつい高圧ホースの中の油が、油圧シリンダーを出たりはいったりしている。アームやバケットが角度を変えると、ホースも曲がる。

たいていのバックホウローダーには、ヘッドライトや方向指示器、スピードメーターなどがついている。だから、ふつうの道路を走って、現場から現場へと移動できるんだ。

ピボット

プッシュロッド

油圧シリンダー

バックホウ　ホウバケットにはサイズがいくつかあって、ほりたい幅で使いわける。パイプやケーブル用には細いものを、建物基礎のコンクリート部分には幅広のものを使う。

アーティキュレート・ステアリング

アウトリガー

低圧タイヤ　大きなタイヤのおかげで、ぬかるみだらけの建設現場でもスリップしない。

✱ 油圧装置の仕組み

水や油などの液体でピストンを押すと、ゆっくりとではあるけど、すごく大きな力でものを動かすことができる。液体にかける圧力（液圧）は、ディーゼルエンジンでつくりだすのが一般的だ。バックホウローダーの場合は、前後のアームの全パーツに、油圧で動くピストンとロッドがついている。油に圧力をかけてピストンのどちらかの側を押すと、パーツが動くというわけだ。そのあと、油圧を逆側にかけると押しもどされる。

車体を安定させるためのアウトリガー

油圧ラムがレバーを押し、バックホウが動く

シリンダー

ロッド

油圧ラムの拡大図　高圧の油がピストンを動かす

13

ミキサー車

コンクリートをつくるのに必要なものといえば、セメントに砂、砂利、水、そして、それらをかきまぜる機械。これらすべてを建設現場においておかずにすむのは、ミキサー車のおかげだ。正確な配合でつくられた生コンクリートを、何トンも運ぶことができる。ただし、いったんつんでしまったら、1時間半以内にとどけなくてはならない。それ以上かかるとコンクリートがかたまって、岩のようにガチガチになってしまうからだ。

へえ、そうなんだ！

まぜ合わせずみのモルタルやコンクリートの運搬は、1930年代にイギリスで始まり、1960年代にビジネスとして拡大した。拠点をふやせば、かたまらないうちにセメントをとどけられる客も、それだけふえるというわけだ。

この先どうなるの？

もっと長時間やわらかいままで、強いレーザー光線をあてるとかたまる。そんなコンクリート状の混合物を開発しようと、実験がくりかえされている。

コンクリートミキサー車が故障したり、交通渋滞にまきこまれたりしたら、コンクリートは中でかたまってしまう。そうなると道路工事用のドリルか、場合によっては爆発物を使うしかとりだす方法はない。

ホッパー 生コンクリートは、じょうご型をしたホッパーという口から投入する。生コンクリートの工場には背の高い貯蔵庫があって、そこから下で待ちうけるミキサー車へと流しこむ。

ドラム ドラムを回転させているのは、ミキサー車のメインエンジンだ。だから、ミキサー車はなるべくアイドリングをしないようにして、つねに走っていなくてはならない。

シュート 生コンクリートはシュートから排出して、みぞや穴に直接流しこんだり、コンクリート用のポンプにうつしたりする。手押し車でうけることもある。

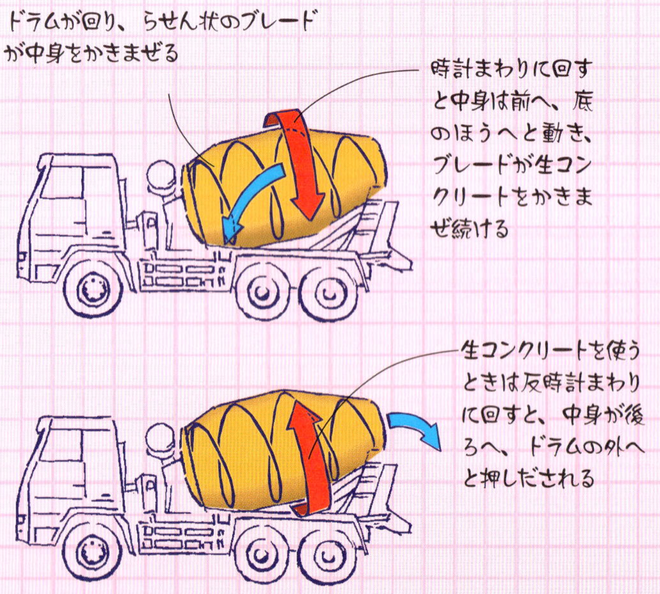

ドラムが回り、らせん状のブレードが中身をかきまぜる

時計まわりに回すと中身は前へ、底のほうへと動き、ブレードが生コンクリートをかきまぜ続ける

生コンクリートを使うときは反時計まわりに回すと、中身が後ろへ、ドラムの外へと押しだされる

✴ らせん構造のひみつ

らせん状にうずをまいたものを回すことで、何かに穴をあけたり、らせんにそってものを動かしたりできる。たとえば、古代から使われてきた「アルキメデスのらせんポンプ」は、らせん構造で川の水をくみ上げて、水路へとうつすしかけだ。地面に穴をあけてほり返す大きなオーガドリルも、シンプルなところではワインのコルクぬきも、みんな同じらせん構造だね。ミキサー車の場合は、ドラムの中のブレードにらせんを利用している。中央のシャフトにらせん状のブレードがついているものと、カーブした板をドラムの内側にらせん状にはったものがあるけど、どちらもドラムを回すことで、ブレードが中身をかきまぜるようになっているんだ。

ピボット

コンクリートの容量の単位には、立方メートルを使う。1立方メートルあたりの重さは、標準で約2.5トンだ。

>>> ジャイアントマシーン

✳ あれこれミックス

コンクリートなんて、どれも同じに見えるよね。でも、実はちがうんだ。ものすごく低い温度用や、ものすごく高い温度用、とてつもない重さやひどい振動にたえられるもの、水や海水にさらされる場所用など、原料も加える薬品も配合の比率も、それこそ何百とある。また、コンクリートがかたまるのは、かわいて水分が蒸発するからではなく、化学反応の結果なんだ。化学反応は温度に左右されるから、低い温度にしておけば、かたまるのを遅らせることができる。

世界で初めてミキサー車をつくったのは、スティーブン・ステパニアン。1916年、アメリカのオハイオ州コロンバスでのことだ。

建物の基礎に生コンクリートを流しこむ。

生コンクリート

ブレード このミキサー車の場合、ドラムの内側にあるブレードが生コンクリートをかきまぜる。ドラムを回し続けないと、生コンはかたまってしまう。

水タンク

エンジン 強力なディーゼルエンジンが、ドラムと車輪を回している。ドラムが空のときは重量が半分以下になるから、ドライバーはその差になれるのがたいへんだ。

車軸 ものすごい重量をいくつもの車軸に分散することで、ふつうの道路や橋の重量制限をクリアしている。

ギアボックス エンジンから車輪を切りはなして、ドラムだけを回すこともできる。

大型ミキサー車の重さは、中身がからっぽの状態で10～15トン。そこに10～20トンもの生コンをつむ。

ダンプトラック

建設現場では、ダンプトラックが大かつやく。土砂やがれきのようなバラバラしたものはもちろん、巨大なパイプ、梁や桁など、ありとあらゆる重いものを運んでいる。荷物をのせるときは、ローダー（P20も見てみよう）やコンベヤーといった機械が必要だけど、おろすほうはかんたんだ。車体とベッセル（荷台または荷箱）はヒンジでつながっているから、ベッセルの先をもち上げて、後ろにかたむけるだけでいい。

へえ、そうなんだ！

世界初のダンプカーが登場したのは、1920年代、カナダのニューブランズウィック州でのこと。ふつうの平荷台トラックを改造して、運転席のすぐ後ろにつけたウインチとケーブルで、荷台の先をもち上げられるようにしたんだ。1930年代には、北アメリカやヨーロッパのあちこちで使われるようになったよ。

「センチピード（むかで）」という特大サイズのダンプには、ふつうなら2、3本しかない車軸が7本もある。

ディーゼル・エレクトリック方式のダンプトラックには、ディーゼル電気機関車と同じような強力な電気モーターがついている。ディーゼルエンジンで車輪を動かすと、複雑なギアでエネルギーがたくさん使われてしまうけど、ディーゼル・エレクトリック方式なら、むだが少なくてすむんだ。

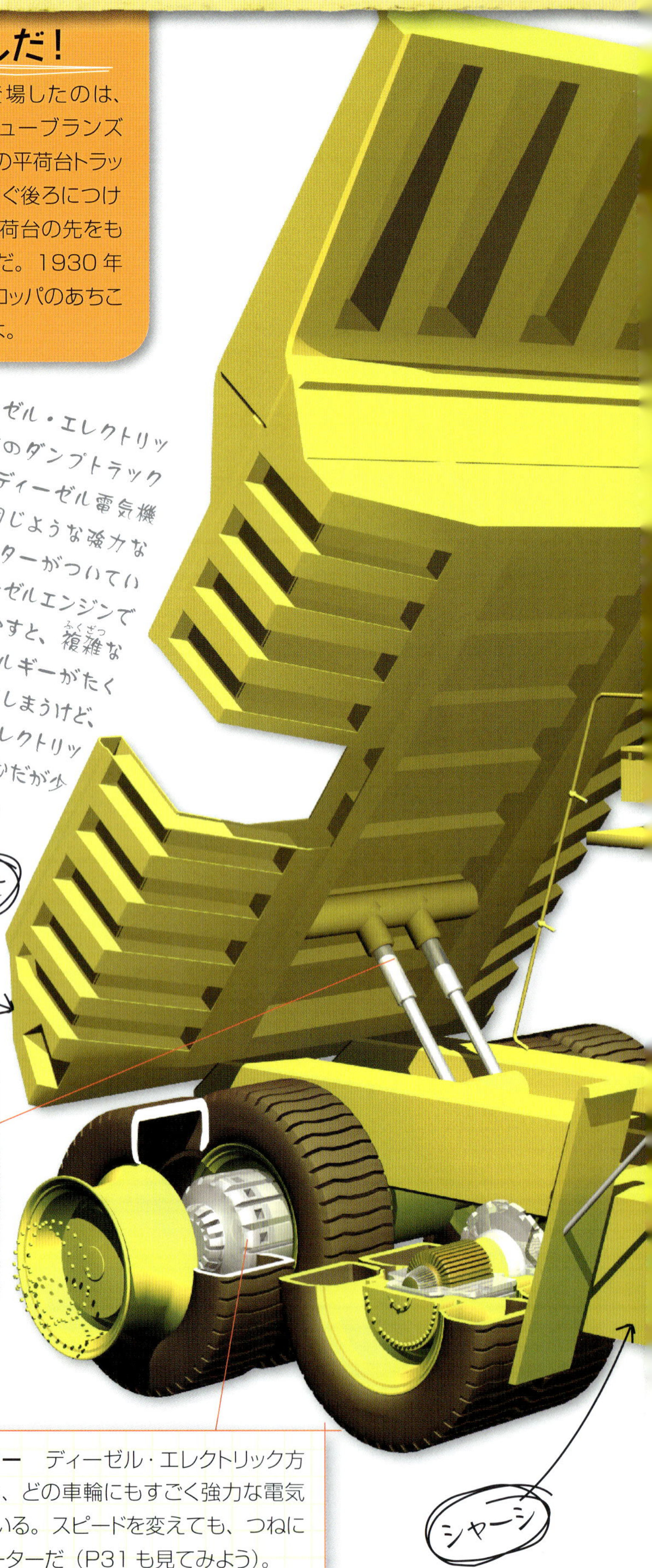

荷物を運ぶ巨大ダンプ

✱ 怪物ダンプカー

一番大きくてあらっぽくて、そして、がんじょうなダンプトラックが働いている場所といえば、鉱山や採石場だ。ほりだした鉱石（金属などの貴重な物質をふくむ石）をつみこんで、輸送トラックや貨物列車にうつせるように、長いコンベヤーのところまで運んでいく。最新式のロボットダンプはGPSナビゲーションつきで、現場の決まったルートを自動で回ることができる。家がまるごと1軒はいるほどのベッセルに、400トンをこえる荷をのせられるダンプもある。まさにモンスターとよぶにふさわしい、最大級の車だね。

テールゲート

油圧ラム 山もりのベッセルも軽がるともち上げて、後ろにかたむける。パワーのひみつは油圧だ（P13も見てみよう）。

トラクションモーター ディーゼル・エレクトリック方式で走るトラックは、どの車輪にもすごく強力な電気モーターがついている。スピードを変えても、つねに力強く回転するモーターだ（P31も見てみよう）。

シャーシ

>>> ジャイアントマシーン

＊ デファレンシャルって何だろう？

カーブを曲がるとき、外側の車輪は内側よりも大回りする。それなのにどちらの車輪も同じ速さで回転していては、タイヤがはねたり横すべりしたりしてしまう。そこで必要になるのが、デファレンシャル（またはデフ）とよばれるギアボックスだ。左右の車輪の間にあって、内側の車輪はゆっくり、外側は少しだけ速く回転させる。

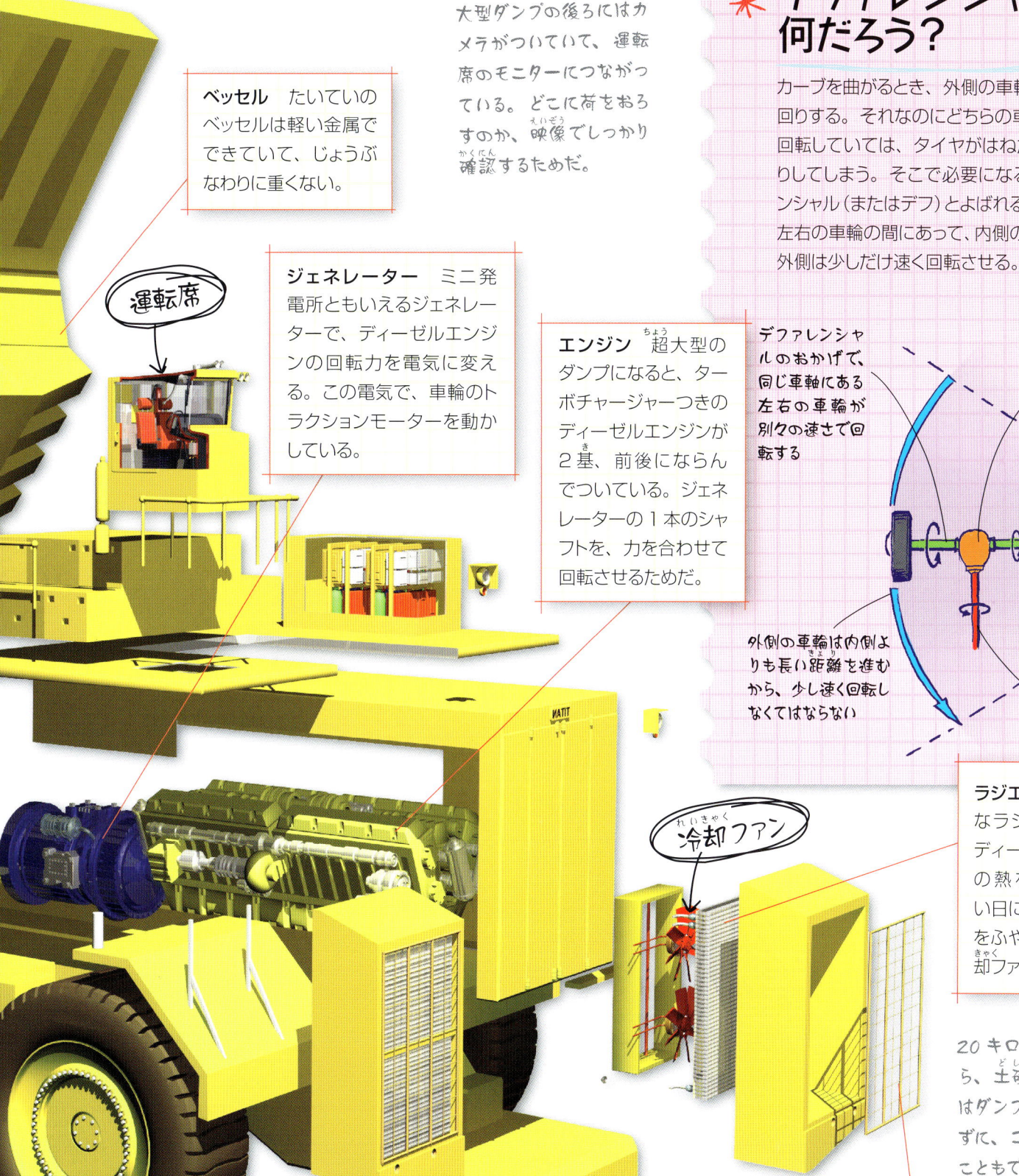

ベッセル たいていのベッセルは軽い金属でできていて、じょうぶなわりに重くない。

大型ダンプの後ろにはカメラがついていて、運転席のモニターにつながっている。どこに荷をおろすのか、映像でしっかり確認するためだ。

運転席

ジェネレーター ミニ発電所ともいえるジェネレーターで、ディーゼルエンジンの回転力を電気に変える。この電気で、車輪のトラクションモーターを動かしている。

エンジン 超大型のダンプになると、ターボチャージャーつきのディーゼルエンジンが2基、前後にならんでついている。ジェネレーターの1本のシャフトを、力を合わせて回転させるためだ。

デファレンシャルのおかげで、同じ車軸にある左右の車輪が別々の速さで回転する

デファレンシャル

内側の車輪のほうが動く距離が短い

外側の車輪は内側よりも長い距離を進むから、少し速く回転しなくてはならない

エンジンにつながるドライブシャフト

冷却ファン

ラジエーター 大きなラジエーターで、ディーゼルエンジンの熱をにがす。暑い日には空気の流れをふやすために、冷却ファンも回る。

20キロメートルまでなら、土砂やがれきなどはダンプトラックを使わずに、コンベヤーで運ぶこともできる。

グリル 採石場のようなほこりっぽい場所では、ラジエーターのグリルをしょっちゅう、そうじしなくてはならない。目づまりするとラジエーターに空気が流れにくくなり、エンジンがオーバーヒートしてしまうからだ。

ブルドーザー

建設現場で最も大きくて、重さも一番の車。それはきっとブルドーザーだ。主な仕事は、土や砂を押し広げて、地面を平らにならすこと。車体の重さをクローラーで分散しているおかげで、すべったり動けなくなったりすることはない。おまけに、ずばぬけた力もちだから押したり引いたりと、いろんな仕事に引っぱりだこだ。丸太を運ぶこともあれば、ぬかるみにはまった車を助けだすこともある。

へえ、そうなんだ！

ブルドーザーは1920年代に、アメリカのカンザス州で発明された。雄牛（ブル）がひまになって居眠り（ドーズ）してしまうことから、ブルドーザーという名前になったという説がある。雄牛のかわりに働く、大きくて強い機械ということだ。

この先どうなるの？

小さな工事現場やスキーのゲレンデなどでは、もっと軽くて小さいブルドーザーを見かけるようになってきた。イギリスでは子牛（カーフ）になぞらえて、カーフドーザーとよばれているんだ。

キャタピラー社で最もよく売れている大型ブルドーザー「D9」は、重さ約50トン。巨大な「D11」になると、なんと100トンもある。

リアランプ

※ やっちまえ！

カチカチの地面、アスファルトの道路、コンクリートの駐車場。そんなかたいものもみんな、ブルドーザーのリッパーにかかれば、ひとたまりもない。ブルドーザーの後ろにはふつう、少なくともひとつはリッパーがついている。かぎ爪のようなもので、ブレードと同じように上げたりおろしたり、かたむけたりできるんだ。それをドリルであけた穴につき立てておいて、ゆっくりと前に進むと、とてつもない力と車体の重さに引っぱられて、地面がめりめりともち上がってくるというわけだ。あとはほかの車がくだいて、運びだすなり使うなりしてくれる。

クローラー クローラーはひじょうにかたいゴムや金属でできている。シューという板を何枚もつなげたタイプと、横方向に筋のはいった長いゴムベルト1枚のタイプがある。

駆動軸 この車軸で後輪を回転させて、クローラーを動かす。前輪を回転させる必要はない。クローラーが動けば、自動的に回るからだ。

ファイナルドライブ トランスミッションから送られてくる速い回転を、ファイナルギアでぐっと落として、クローラーの車軸へと伝える。こうして何百倍にもなった回転の力（トルク）が、ブルドーザーのパワーとなる。

整地のためにリッパーで地面をほり返すブルドーザー

>>> ジャイアントマシーン <<<

※ ブルドーザーのブレードの仕組み

ワイヤーロープとウインチでブレードを上下させるブルドーザーもあるけど、ほとんどは油圧式のアームを使っている。しかも最新式のものは、ブレードと車体の高さをはかるレーザーレベリングシステム（P22も見てみよう）もそなえているんだ。平らにならしたいときも坂道にしたいときも、ブレードを自動的に調整して、ぴったりにしあげてくれる。

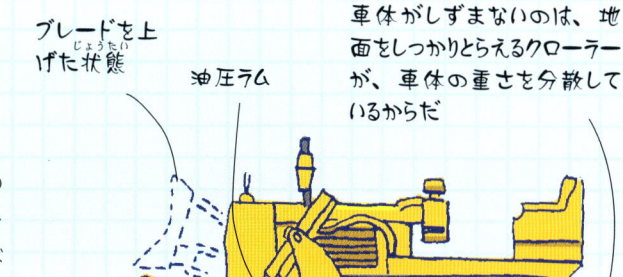

ブレードを上げた状態

油圧ラム

車体がしずまないのは、地面をしっかりとらえるクローラーが、車体の重さを分散しているからだ

ブレードを地面より低い位置にすれば、土をほることができる

地面をならすときは、ブレードをおろしたままバックする

排気管

高圧ホース　ホースは2本あって、うち1本の油圧でピストンの片側を押すと、ブレードが上がる。もう1本のほうだと、ブレードは下がる。

一般的なブルドーザーは左のレバーで運転を、右のレバーでブレード操作をする。

ラジエーター

ブレード　作業内容や対象に合わせて、さまざまな形のブレードがある。側面のないものを使えば、土などを横に押しわけて進むことができるし、このブルドーザーのような側面のあるタイプなら、ブレードの中に土をためながら進んでいく。

トランスミッション　どんな仕事にも、どんな状態の土地にも対応できるように、ギアの組み合わせ（変速比）は15以上もある。

ブレード用のバー　車体にとりつけられたV字形のバーの先に、ブレードがついている。ピボットで回るようになっているので、ブレードの角度は一定にたもたれる。

史上最大のブルドーザーは、1980年代にアコという会社が1台だけつくったものだ。重さが180トン以上あって、ブレードの大きさは幅7メートル、高さ3メートル近く。2基あるエンジンは、合わせて1300馬力も出せるんだって。

19

ホイールローダー

採鉱にしても建設にしても、重工業の世界ではつみこみが大きなポイントになる。その大切な仕事をまかされているのが、前にバケットのついたホイールローダーだ。ひとすくいで何トンもの荷をもち上げて、必要な場所にうつすことができる。みぞに落としたり、ダンプトラック（P16を見てみよう）にうつしたり、ベルトコンベヤーにのせたりと、せっせと働く。建築用のレンガや材木をのせて、足場などの高いところまでもち上げることもできるんだ。

へえ、そうなんだ！

バケット式のローダーが開発されたのは、ダンプやブルドーザーと同じ1920年代のアメリカだ。初期のものは農業用のトラクターにバケットをつけて、ケーブルとウインチで操作していた。建設用としては、1939年に開発されたものが最初だ。

この先どうなるの？

ほかのジャイアントマシーン同様、ローダーも年々強く、大きくなっている。人間なら300人以上のせられるような、巨大なものを開発する計画もある。

巨大ホイールローダーのタイヤは、高さ4メートル以上。その重さときたら、1本だけで8トンもある。

アーム バケットの高さを変えるアームは、動く範囲がかぎられている。高く上げすぎると、車体がひっくり返ってしまうからだ。

バケット用の油圧ラム 油圧でバケットをかたむける。上むきにしたり、まっすぐにしたり、下にむけたりと自由自在だ。

バケット バケットの容量はふつう、立方メートルであらわされる。

歯 バケットの下あごにならんだ大きな歯で、カチカチになった土などのかたいものをくだく。歯のないバケットでは、こうはいかない。

✳ アーティキュレート・ステアリングの仕組み

長くてまっすぐのシャーシだったら、せまい場所ではうまく動けない。アーティキュレート方式のホイールローダーは、前後に分かれた車体がジョイントでつながっている。バケットと前輪が前半分、エンジンつきの車体と後輪が後ろ半分というわけだ。一般的なステアリングのようにタイヤの角度を変えるのではなく、車体自体をくの字に折り曲げて方向を変えるから、せまいところにもうまく回りこんで、つみこみ作業ができるんだ。

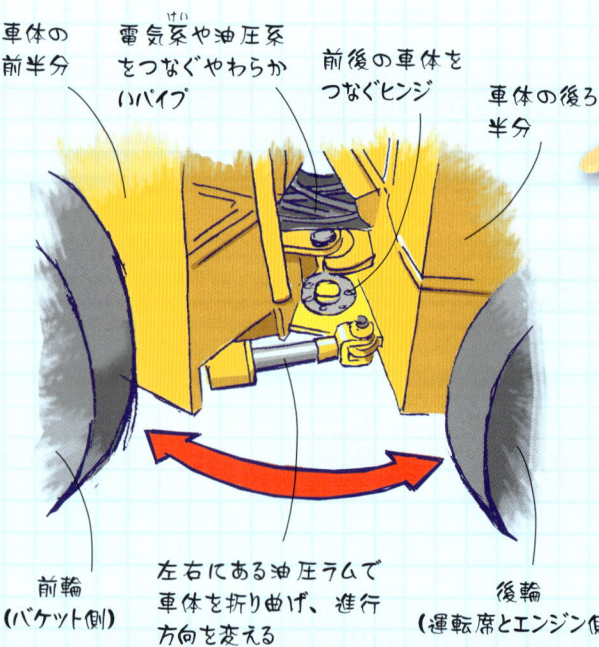

車体の前半分／電気系や油圧系をつなぐやわらかいパイプ／前後の車体をつなぐヒンジ／車体の後ろ半分／前輪（バケット側）／左右にある油圧ラムで車体を折り曲げ、進行方向を変える／後輪（運転席とエンジン側）

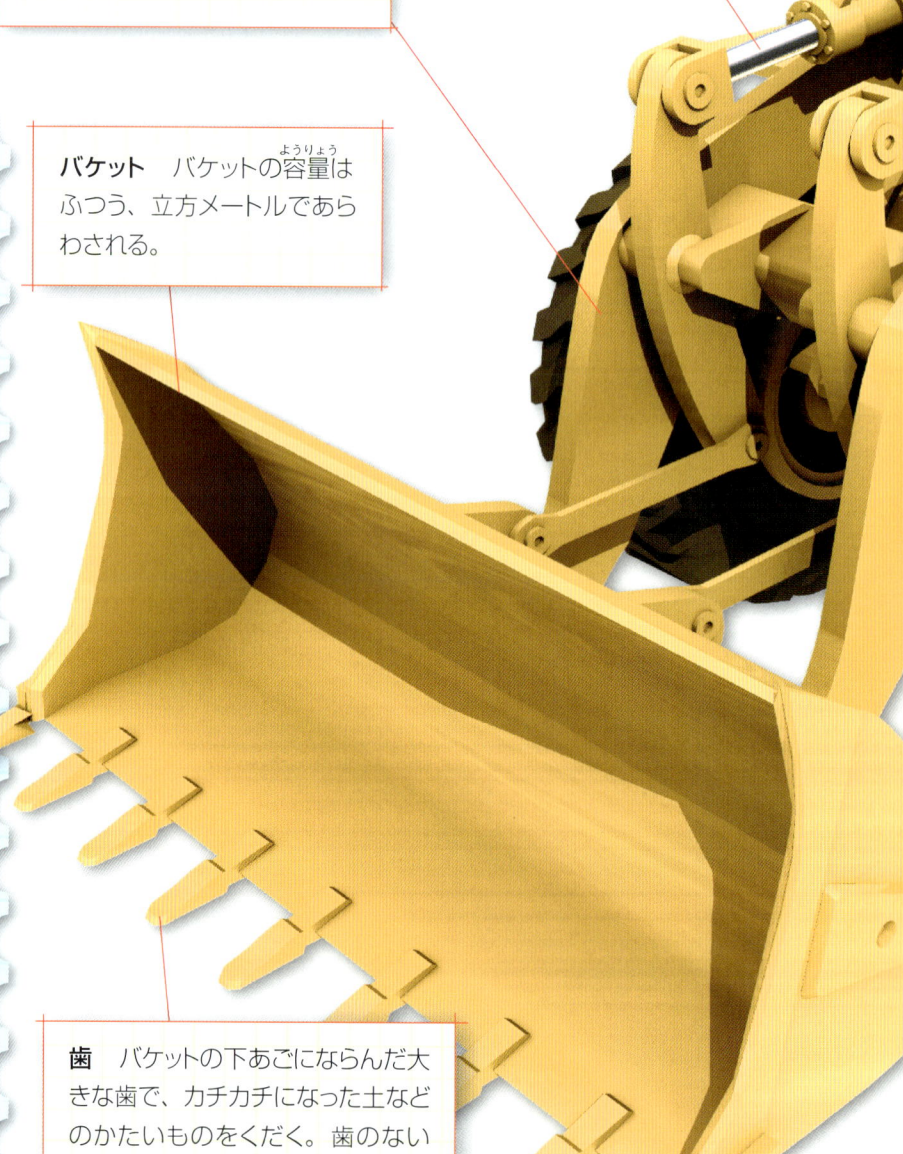

>>> ジャイアントマシーン <<<

高くのびた排気管 ディーゼルエンジンやガソリンエンジンで動くジャイアントマシーンの例にもれず、ホイールローダーの排気口も、ドライバーより高い位置についている。排気ガスが運転席にはいらないようにするためだ。

ルターナ社の"L2350"はバケットひとつに75トンもつむことができる。

エンジンルーム

エンジン

フラッドライトとスポットライト ジャイアントマシーンは、車体のあちこちに強いライトがついている。夜間に急ぎの仕事をするためでもあり、まわりに注意をうながすためでもある。

燃料タンク

アーティキュレート・ステアリング せまいところでも小回りをきかせて動くことができるのは、アーティキュレート方式（左ページを見てみよう）のおかげだ。このほかにも油圧システムはいたるところで使われていて、ホイールローダー全体で12以上もある。

アーム用の油圧ラム この油圧ラムでアームを上下させる。アームとバケットとはピボットで連結されていて、バケットの角度を一定にたもったまま、アームを上げ下げできるようになっている。

最大級のホイールローダーは、65リットル16気筒のディーゼルエンジンを搭載していて、2300馬力も出すことができる。

紙にするための丸太を、がっちりとつかむロググラブ

✴ あれもこれもの運び屋

ホイールローダーの特長は、先のバケットをつけかえられること。とりつけ部のサイズが統一されているから、もともとのバケットを外して、すきなアタッチメントに交換できるんだ。土砂をすくうショベル、たわらをつきさすスパイク、丸太をつかむロググラブ、荷物をのせるパレットフォークなど、いろんな種類がそろっている。バケットを操作するための油圧システムもつなぎかえて使えるから、たとえば丸太をつかむ腕も、開いたり閉じたりできる。

スクレーパー

ブルドーザーでも地面を平らにすることはできるけど、仕事は遅いし、建設現場のあちこちで必要とされる、せっかくのパワーがもったいない。そこで登場するのがスクレーパーだ。またの名をランドプレーナーともいうこの機械は、ブルドーザーほどの力はないから、起伏のはげしい土地には使えない。でも、土を動かすのは大の得意で、高くなっている部分を平らにけずって、その土で低いところをうめていくような仕事にうってつけだ。

へえ、そうなんだ！

スクレーパーを考えだしたのは、アメリカの技術者で発明家のロバート・ギルモア・ルターナだ。現在、土木業界で使われているマシーンや道具の半分は、1930年代当時に彼が開発したものなんだ。

この先どうなるの？

自動操縦やレーザー計測、GPSナビゲーションなどの技術が進んだおかげで、スクレーパーも今では、ほぼ完全に自動化されている。でも、いつどこがおかしくなるかわからないから、きっといつまでも人間が必要なんだろうね。

超大型の自走式スクレーパーには、後輪を回転させるための第2エンジンがついている。

けん引ユニット 前側の車体が、土をけずってためる後ろ側を引っぱる。タイヤの前にあるエンジンと運転席で、運ぶ土や後ろの車体と重さのバランスをとっている。

エアコン 運転席のエアコンは天井についている。なるべく空中の土ぼこりが少ない場所がいいからだ。

エアフィルター

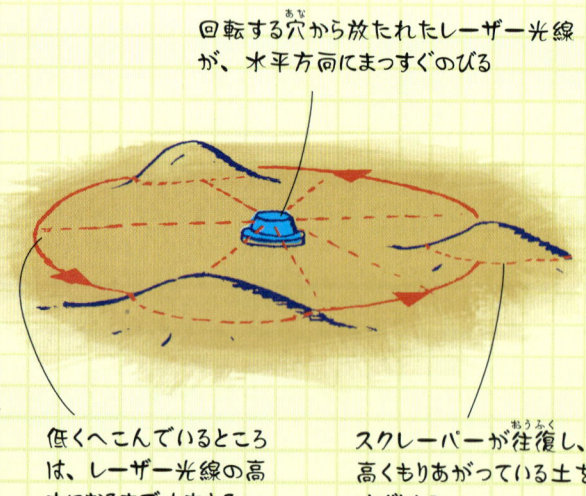

回転する穴から放たれたレーザー光線が、水平方向にまっすぐのびる

低くへこんでいるところは、レーザー光線の高さになるまで土をもる

スクレーパーが往復し、高くもりあがっている土をけずりとる

＊ レーザーレベリングシステムの仕組み

強い光のビームであるレーザーは、広がることなくまっすぐ進むのが特徴だ。重工業や土木の世界でも、計測や表面の検査などの分野で出番がどんどんふえている。大規模な開発現場では、基本の高さぴったりにおかれたレーザー光源が、灯台のように回りながら、水平方向に光のパルスを送っている。それをスクレーパーやブルドーザーがレーザーセンサーで感知して、その場所をけずるべきか、あるいはうめるべきか、ドライバーに教えてくれるという仕組みなんだ。

エンジン 大きなディーゼルエンジンで前輪を回転させる。さまざまな地形に対応できるように、かなり遅いギアが何種類もある。

オフセット運転席 運転席は中央ではなく、エンジンの横にある。運転しやすくするために、反対側は全部窓だ。

22

>>> ジャイアントマシーン <<<

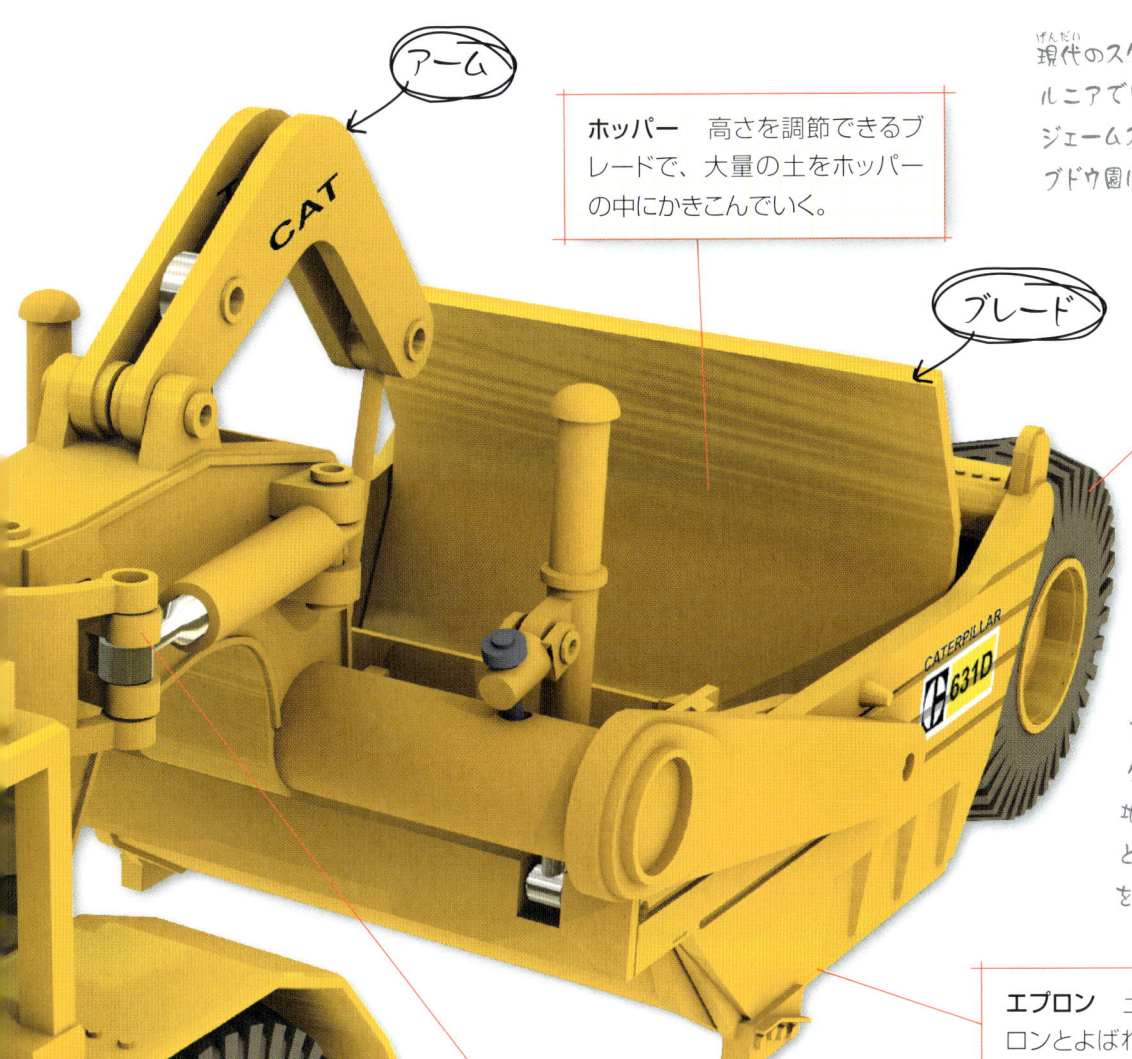

アーム

ホッパー 高さを調節できるブレードで、大量の土をホッパーの中にかきこんでいく。

ブレード

後輪 後輪には、山もりにつんだ土の重みがかかる。車体ごとブレードが下がってしまうと、できあがりの高さが変わるから、タイヤの空気圧はまめにチェックしなくてはならない。

エプロン 土などをかきこむ口の部分には、エプロンとよばれるふたのようなものがついている。土をおろすときは油圧システムでエプロンを押し開いて、必要な高さになるまで土を散布する。

油圧ステアリング 車体の前半分と、ホッパーのついている後ろ半分とは、アーティキュレート方式でつながっている（P20も見てみよう）。

現代のスクレーパーの原型は、1883年にカリフォルニアで開発された「フレズノ・スクレーパー」。ジェームズ・ポーティアスという人が、その地方のブドウ園に排水路を整備するために考えたものだ。

ロバート・ギルモア・ルターナの初仕事は、トラクターに引かせたスクレーパーで、広大な土地をならすことだった。そのときはトラクターもスクレーパーも、監督をしていた地元の農業技術者からの借りものだったけど、1921年になって自分のトラクター工場を開設したんだって。

大型スクレーパーは、だいたい長さが12〜15メートル。いっぱいにつみこんだ状態で、総重量40〜60トンだ。

行ったりきたりして地面のでこぼこをならすスクレーパー

＊しあげはきれいに

スクレーパーのことを、グレーダーとよぶことがある。平らな地面や坂道などをつくるのに、土をならしてもとめられた品質（グレード）にしあげるからだ。仕事はブルドーザーといっしょであらっぽいほうだけど、とにかく早い。広大な土地も、あっという間に終わらせてしまう。一方、スクレーパーのあとを引きついで、さらに美しく、なめらかに地ならしする機械こそが、正真正銘の「グレーダー」だ。前輪と後輪の間にある幅広のブレードをおろして、地面をならしていく。競技場のしあげなどに使われるんだ。

23

移動式クレーン

つり上げ専門のジャイアントマシーン、クレーン。いろいろ種類があり、場所を動かないタワークレーン、海上で使われるうきクレーンに対して、およびとあればどこへでも出かける陸上用のクレーンのことを、移動式クレーンとよんでいる。たいていは特大トラックにのせられているけど、それだけで重さ100トン以上。荷をつり上げた状態では、合計500トンをこえることもある。だから、大きなものをつり上げるときは、車体がしっかり安定しているか、事前にチェックしなくてはならない。もちろん車だけではなく、足もとの地面もだ。

へえ、そうなんだ！

クレーンの歴史は古く、2500年以上前の古代ギリシャにさかのぼる。ローマ帝国の時代にはすでに、100トン以上もある石材をつり上げていたんだ。でも、移動式クレーンが登場するのはもっとあと、蒸気機関が発明された後の19世紀になってからのこと。そしてその後、動力は、ディーゼルエンジンへとうつっていく。

この先どうなるの？

世界一の高さを競うビルは、1000メートルにも達しそうないきおいだ。でも、そんな高いところまでとどくタワークレーンは存在しない。そこで考えられた最新工法が、親がめ子がめ方式。建てながらのぼっていって、完成後はひと回り小さいクレーンでつりおろしてもらうんだ。最後の1台は分解して、エレベーターでおろす。

最も長いブームになると、全長100メートルをこえる。つり上げられる重さも動かせる速さも、かなりかぎられているけどね。

ブームを長くのばせばのばすほど、つり上げられる重さはへっていく。

ブーム クレーンの腕のことをジブというけど、太い部分はブームとよばれることも多い。この写真のようにおこしたり寝かせたりできるものは、ラフィングブームとよばれている。

旋回ベアリング ブームを横に動かすときは、旋回ベアリングの上に乗った土台（旋回体）を、まるごと回転させる。

クレーン用エンジン

走行用エンジン

収納式アウトリガー

マルチホイール いくつもある車輪がクレーンの重さを分散し、同時に地面のかたさのばらつきも吸収する。

油圧システム クレーンの動きをささえているのは、いくつもの油圧システムだ。ひとつでも故障すると、安全装置が働いてロックがかかり、重大な事故につながるのをふせぐ。

＊アウトリガーの仕組み

一般道路を走ることが多い移動式クレーンは、車体の大きさが制限される。だから、仕事を始める前にアウトリガーという足をのばして、横幅を広げるんだ。これで、横にある荷をつり上げたり運んだりしても、横転しにくくなる。トラック自体の長さと重さのおかげで、クレーンが縦方向にひっくり返ることはない。重力と動きを感知するセンサーもついていて、どちらか一方にかたむきかけたら警報で知らせてくれる。

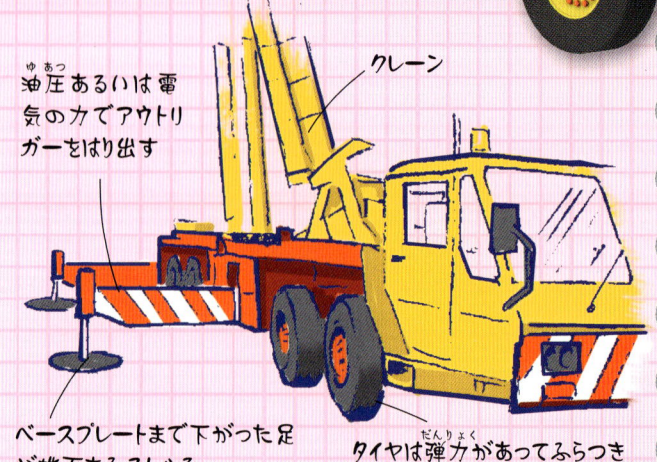

油圧あるいは電気の力でアウトリガーをはり出す

クレーン

ベースプレートまで下がった足が地面をふみしめる

タイヤは弾力があってふらつきやすいので、うかせておく

>>> ジャイアントマシーン <<<

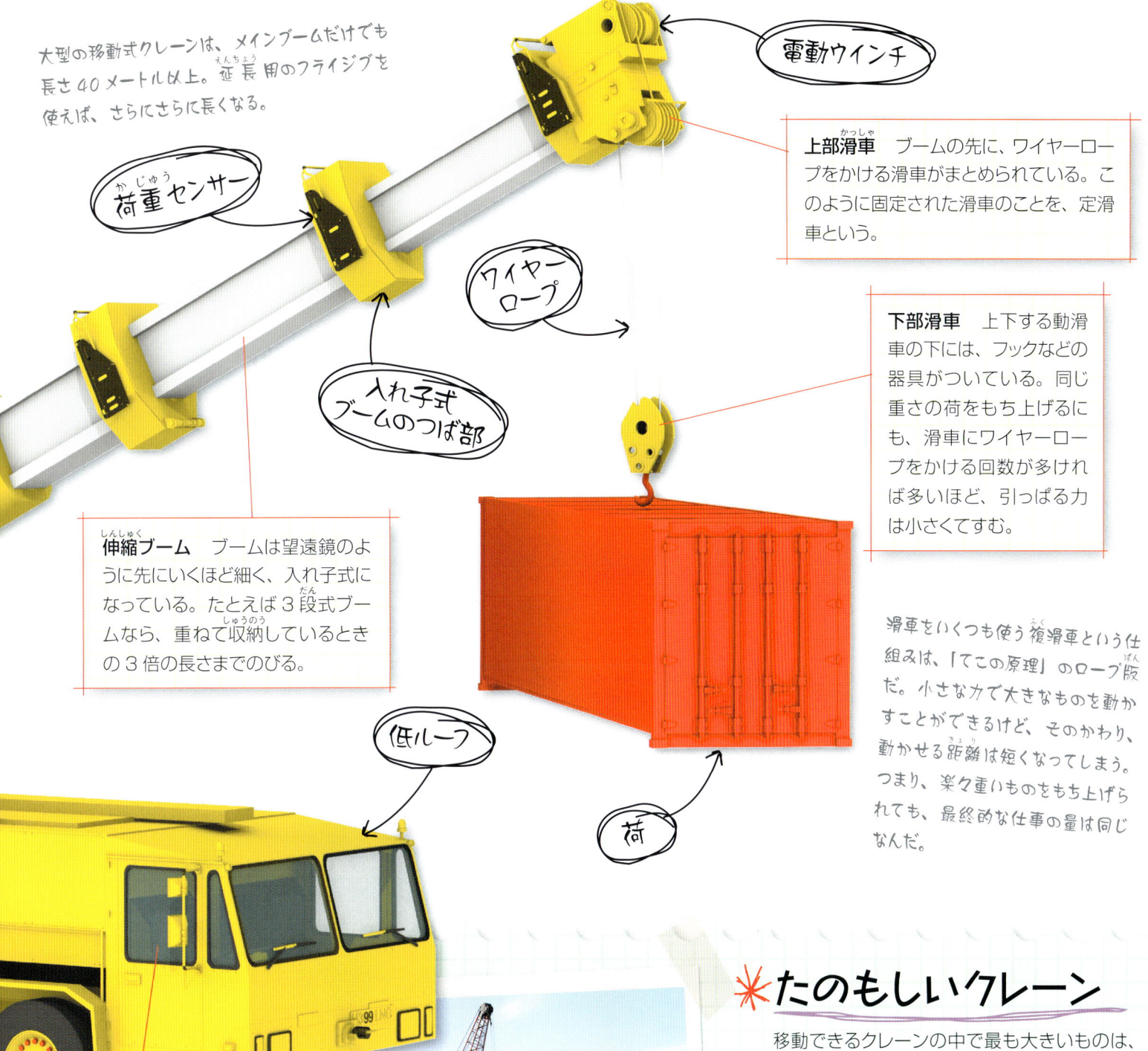

大型の移動式クレーンは、メインブームだけでも長さ40メートル以上。延長用のフライジブを使えば、さらにさらに長くなる。

電動ウインチ

荷重センサー

ワイヤーロープ

入れ子式ブームのつば部

上部滑車　ブームの先に、ワイヤーロープをかける滑車がまとめられている。このように固定された滑車のことを、定滑車という。

下部滑車　上下する動滑車の下には、フックなどの器具がついている。同じ重さの荷をもち上げるにも、滑車にワイヤーロープをかける回数が多ければ多いほど、引っぱる力は小さくてすむ。

伸縮ブーム　ブームは望遠鏡のように先にいくほど細く、入れ子式になっている。たとえば3段式ブームなら、重ねて収納しているときの3倍の長さまでのびる。

低ルーフ

荷

滑車をいくつも使う複滑車という仕組みは、「てこの原理」のロープ版だ。小さな力で大きなものを動かすことができるけど、そのかわり、動かせる距離は短くなってしまう。つまり、楽々重いものをもち上げられても、最終的な仕事の量は同じなんだ。

前部運転席　クレーンを運ぶトラックも、道路に関する法律を守らなくてはならない。ふつうの車と同じように、ライトやクラクションなどが必要だ。

うきクレーンをしっかりささえる台船は、巨大で、すごく重い。

✳︎たのもしいクレーン

移動できるクレーンの中で最も大きいものは、海上用のクレーンだ。小さいタイプなら、いかだを大きくしたようなポンツーンという台船に、ふつうの陸上用クレーンをのせるだけでいい。だけど、最大級のうきクレーンとなると海上専用の設計が必要で、油田採掘装置と同じような技術が使われる。1万4000トンもの荷をつり上げることができるから、しずんだ船やつみ荷の引き上げ、巨大貨物船からの荷おろし、運河をより深くするための海底掘削などに、出動要請がかかるよ。

25

キャリアカー

ショールームや販売店に10台ほど車をとどけたいとき、1台ずつ運転していては時間もガソリンももったいない。キャリアカーなら、はいるだけ何台もきっちりとつみこんで、ドライバーひとり、ディーゼルエンジンひとつで運ぶことができる。しかも、新車を傷ひとつない状態で、走行距離計もほとんどゼロのままとどけられるんだ。

へえ、そうなんだ！

車のまとめ輸送は、フォードなどの自動車メーカーが大量生産を開始した1910年代に始まった。だけど、とびぬけて高価で高級な車のメーカーは、今も新車を1台ずつ、小さな運搬車にのせて運んでいる。

この先どうなるの？

お金さえ出せば新車だって、どこでもすきなところへ配達してもらえる時代だ。山のてっぺんでもかまわない。ちゃんとヘリコプターで運んできて、ロープでおろしてくれる。

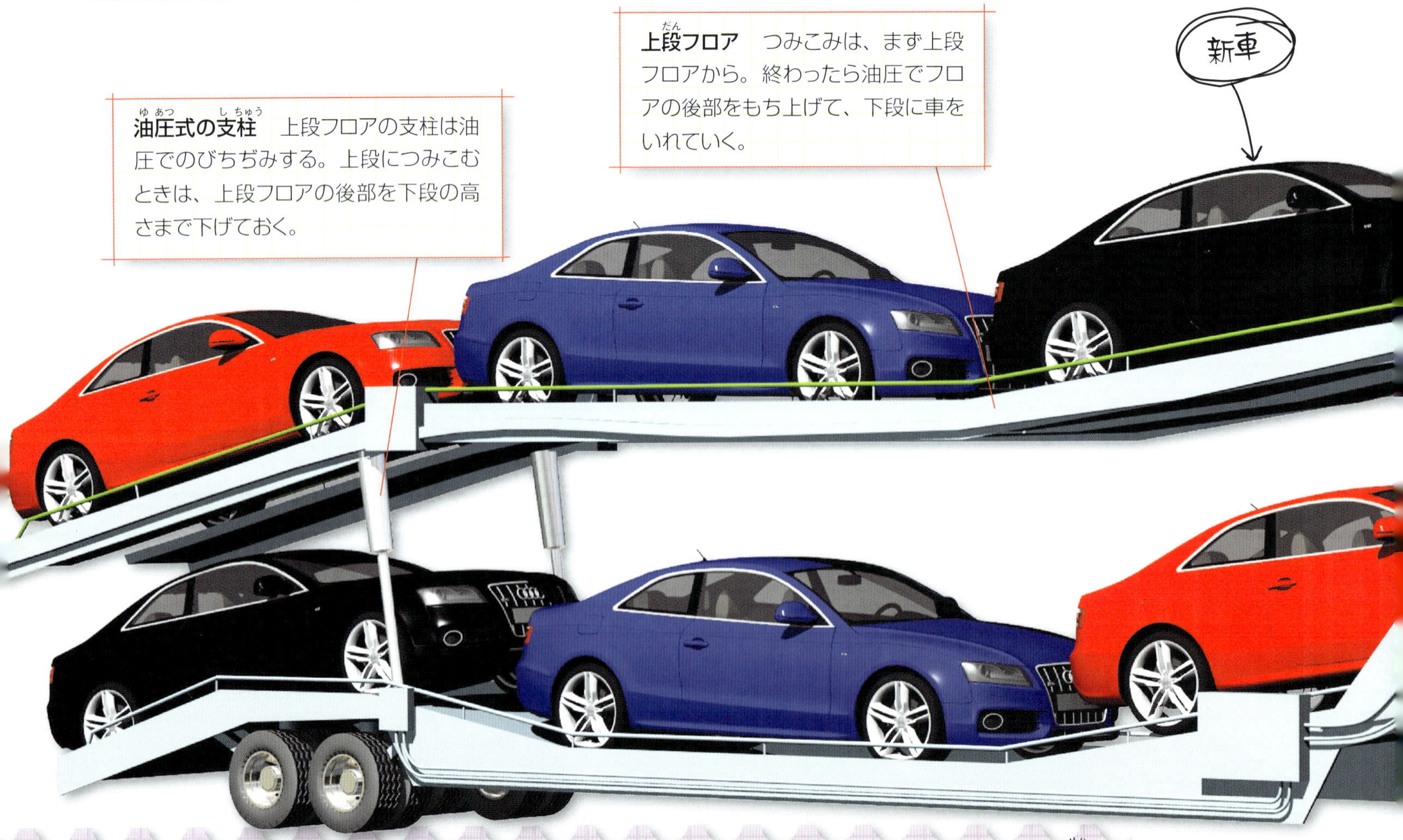

上段フロア つみこみは、まず上段フロアから。終わったら油圧でフロアの後部をもち上げて、下段に車をいれていく。

新車

油圧式の支柱 上段フロアの支柱は油圧でのびちぢみする。上段につみこむときは、上段フロアの後部を下段の高さまで下げておく。

※ 等速ジョイントの仕組み

車を走らせるには、エンジンの回転力を車輪へと伝えなくてはならない。それなのに、エンジンがボディーにがっちりと組みこまれているのに対して、車軸や車輪はサスペンションといっしょに上下に動く。この問題を解決するのが、等速ジョイントだ。等速ジョイントはエンジンと車軸の間にあって、車の動きに合わせて自在に折れ曲がる。これがエンジンから続くドライブシャフトの回転をうけて、速さは等しいまま、つまり「等速」で、車輪側へと伝えてくれるというわけだ。

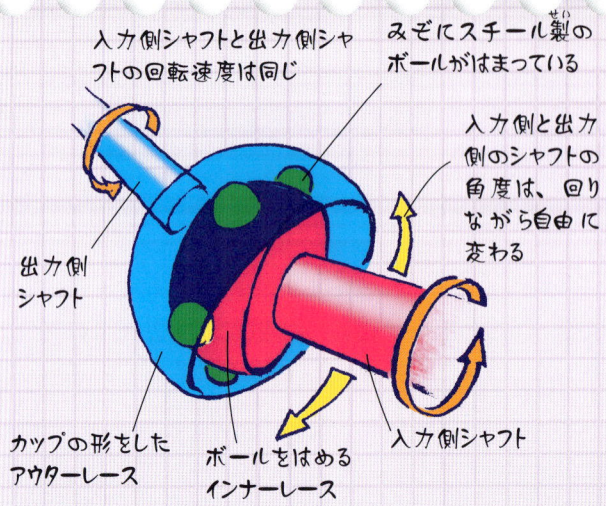

入力側シャフトと出力側シャフトの回転速度は同じ

みぞにスチール製のボールがはまっている

入力側と出力側のシャフトの角度は、回りながら自由に変わる

出力側シャフト

カップの形をしたアウターレース

ボールをはめるインナーレース

入力側シャフト

車の形はさまざまだから、問題もそれぞれ。たとえば背の高いバンは、上方向に広くスペースが必要だ。車体の低いスポーツカーなら逆に、間にもう1段、フロアをふやせるかもしれない。

26

>>> ジャイアントマシーン <<<

✺ つみこみはおまかせ

最近のキャリアカーは、とてもかしこい。フロアの長さに高さ、角度まで、自由に変えることができる。しかも、つみこみたい車種をコンピューターに入力すれば、大きさから計算して、フロアの設定やつみこみ順序を指示してくれるんだ。配達先がいくつかある場合は、時間とエネルギーの節約になる一番のおすすめルートもはじきだしてくれる。

キャリアカーは新車を運ぶだけではなく、車を集めて、点検や修理のために運ぶ仕事もする。ステアリングのリコールなどには、きちんと設備のととのった工場でしか対応できないからだ。

少しのむだもなく車をつんだ大型キャリアカー

ミラー

輪止め 輪止めとよばれるストッパーが、タイヤの転がりをふせぐ。さらに、車体とフロアとは、ワイヤーロープなどでしっかりと固定されている。

レンタカー会社も、キャリアカーを使っている。空港などに乗り捨てられた車を拾って、各地にある営業所にもどすためだ。

トラクター部分 トレーラーを引くトラクター（エンジンと運転席の部分）にはいろいろなタイプがあるが、どれも電気の接続部と油圧リンクをきちんとそなえている。

第5輪 トラクターとトレーラーとをつなぐアーティキュレート方式のジョイントのことを、第5輪とよぶこともある。この仕組みのおかげで、右に左にと小回りがきく。

オイルパン エンジンの動きをなめらかにするエンジンオイルは、エンジンから排出されて底にあるオイルパンにたまる。そして、ふたたびポンプで送り出されて、エンジン各部をめぐる。

交流発電機 ディーゼルエンジンで交流発電機（オルタネーター）を回して、ライトやモニター、パワーステアリング、パワーブレーキ、油圧システムなどに必要な電力をつくる。

目的地までの最適ルートを決定してくれるソフトに、キャリアカーの幅や高さも入力しておけば、低い橋の下や工事でせまくなっている道などをちゃんとさけてくれるよ。

27

トンネル掘進機

トンネル掘進機は、まるで巨大なメカミミズだ。かたい岩もドリルでガンガンほり進む。しかも、ほるだけではなく、くだいた岩のかけらやほりだした土を、コンベヤーやトロッコにのせて外に運びだすんだ。レーザー誘導装置などのハイテクシステムを使って操作するから、最後は反対側の、きっちり予定どおりの場所から出てくる。

へえ、そうなんだ！

機械でトンネルをほろうという試みは、1800年代なかばに始まった。ヨーロッパではアルプス山脈をつらぬこうとしたし、北アメリカ大陸の東部では鉄道用のトンネルをつくろうとしたんだ。でも、小さなドリルやつるはし、ハンマーなどをたくさんつけたような装置で、なかなかうまくいかなかった。回転式カッターを使う掘進機は1950年代に登場して、みごと成功をおさめた。

この先どうなるの？

回転式のヘッド部分に小さなカプセル爆弾を何千としかければ、ひどくかたい岩盤も振動でくずれやすくなる。ただし、カッターヘッドのほうが衝撃にたえられなければ、もともこもない。

1988年に開業した日本の青函トンネルは、全長54キロメートル。鉄道用のトンネルとしてはずっと世界最長だったけど、スイスの新ゴッタルド・トンネル（57キロメートル）が2010年10月に貫通して、記録をぬりかえた。

イギリスとフランスを結ぶ英仏海峡トンネルの長さは、50.5キロメートル。

岩盤

英仏海峡を走るメイントンネル2本は、どちらも幅7.6メートルだ。

ベルトコンベヤー くだいた岩のかけらなどをコンベヤーで運び、トンネルの入り口から外へ出す。あるいは、地面からほってきた第2トンネルで運びだすこともある。

後方設備 電気ケーブルや油圧用・空気圧用のパイプ、換気用の配管などが、ぞろぞろと掘進機のあとをついていく。

ライニング 工場でつくっておいたセグメントというブロックをリング状に組み立てて、ほったそばから内壁にはめていく。トンネルがくずれないようにするためだ。

トンネルを貫通させた巨大なトンネル掘進機

✳ ミミズかモグラか

トンネル掘進機は、土の中にすむミミズと穴をほるモグラ、両方の特性をもっている。推進用のジャッキを少し前にのばしては、体をひょいとちぢめて進んでいく。そんなところは、ミミズそっくりだね。そして、カッターヘッドのものすごくかたい歯は、モグラの前足だ。掘進機が進んだあとは、別の機械でトンネルを補強して陥没や落盤をふせぐ。あらかじめ用意しておいたリングを内壁にはめる場合もあれば、すぐにかたまるコンクリート状のものを吹きつけることもある。

英仏海峡トンネルの完成後、横穴をほって、そこに残すことにした。トンネル掘進機はそのままなんだよ。今も

>>> ジャイアントマシーン <<<

＊カッターヘッドの仕組み

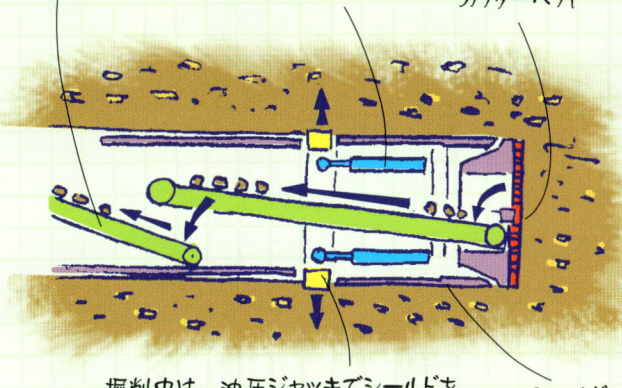

岩のかけらなどを運ぶコンベヤー

油圧式の推進用ジャッキで、回転式カッターヘッドを前に押しだす

回転するカッターヘッド

掘削中は、油圧ジャッキでシールドをトンネルに押しつけておく

シールド

シールドという金属製のつつの先には、カッターヘッドのついた円ばんがある。岩盤用のトンネル掘進機はそれをゆっくり回して、ものすごい力で岩をすりつぶし、くだいた岩をコンベヤーに集めて外に運びだす。油圧ジャッキでシールドをトンネルのかべに押しつけているから、推進用のジャッキでカッターヘッドを前へ押しだせば、岩がけずれるんだ。しばらくして固定用のジャッキをゆるめ、推進用のジャッキをちぢめると、トンネル掘進機全体が前に移動する。これをくりかえして進んでいくわけだね。

固定用のジャッキ 油圧ジャッキでシールドを押して、トンネルの内側に固定する。そうしておかないと、推進ジャッキでカッターヘッドを前に押しだしたとき、シールドが後ろに下がってしまう。

シールド トンネル掘進機は、シールドという大きなつつにおさまっている。おかげで、動作部に岩のかけらがはいることはめったにない。

カッターヘッド 先についたカッターが一定の速さでゆっくりと回る。数秒で1回転する程度だ。トンネルのできあがりサイズは、このヘッド部分の大きさで決まる。

推進用のジャッキ 油圧式のジャッキで、カッターヘッドを前方の岩盤に押しあてる。圧力は岩盤のかたさに合わせて自動調整される。

岩盤 ひと口に岩盤といっても、かたさも密度もさまざまだ。先に小さなドリルでためしぼりをすることで、待ちうける岩盤のようすをさぐることができる。

29

NASAクローラートランスポーター

アメリカのケネディ宇宙センターにある2台のNASAクローラートランスポーターは、とてつもなく大きい。自分で発電して動くクローラー式の車両としては、世界最大だ。ロケットやスペースシャトルを移動式発射台ごとのせて、組み立てや打ち上げ準備がおこなわれる巨大な組立棟から、発射場へと運んでいく。トランスポーターがはなれると、いよいよロケットやシャトルは打ち上げられ、はるかなる旅へと出発するんだ。

へえ、そうなんだ！

アメリカは宇宙計画の早い段階から、ロケットを立てた状態で組み立てて、そのまま発射場に運んでいくことに決めていた。横になった状態で組み立てたロケットをどうやっておこすかという難問も、これで解決というわけだね。

この先どうなるの？

この2台のクローラートランスポーターが任務についたのは、1960年代のこと。それからずっと働き続けてきたけど、残念ながらスペースシャトルは、引退することになっている。

からになった発射台をのせて帰ってくるときの速さは、せいぜい時速3キロメートルほど。それでも運んでいくときにくらべれば、2倍の速さなんだ。

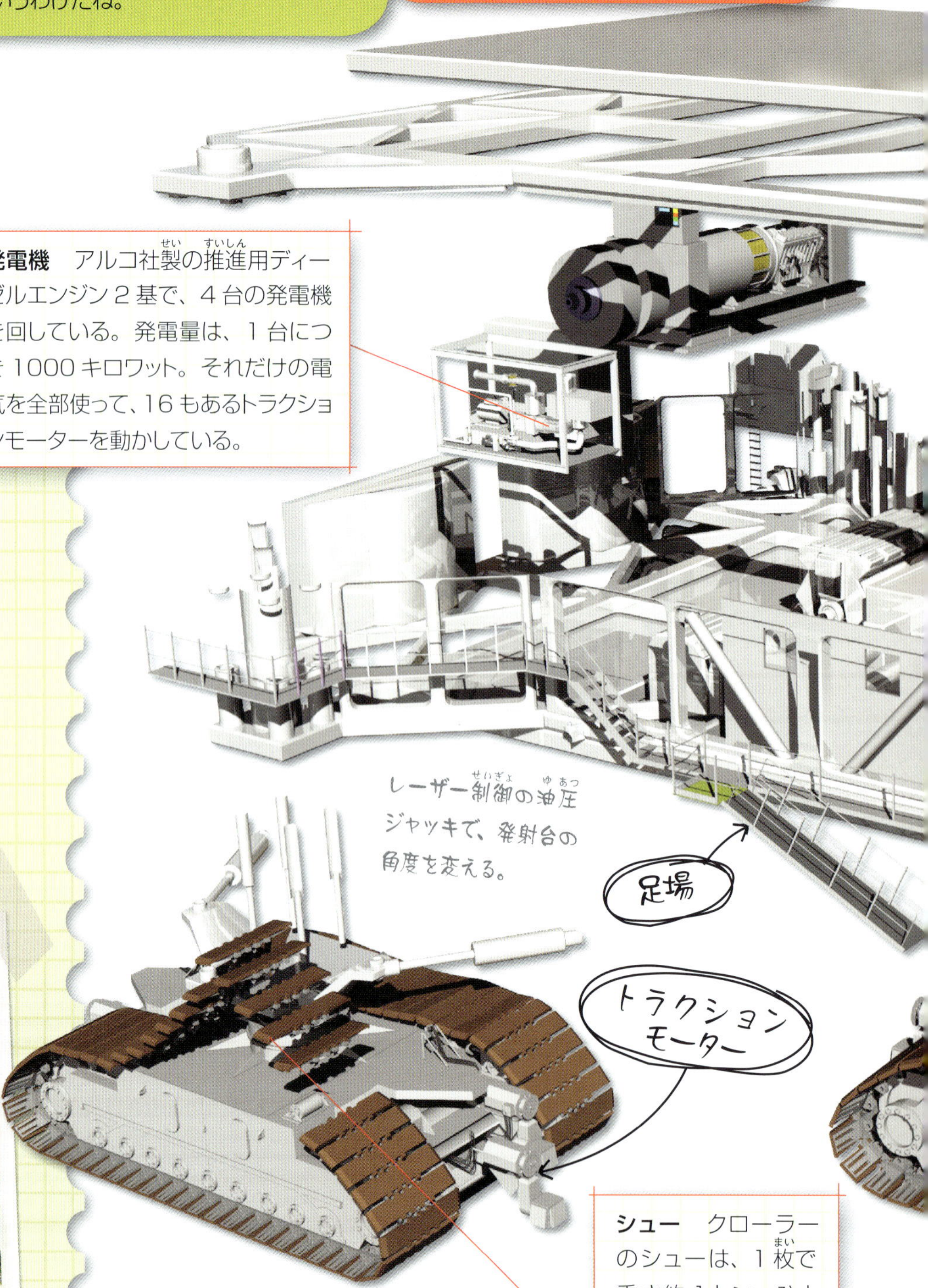

※のろのろカタツムリ

背が高くて重くて、今にもたおれそう。そんな荷物をのせているから、クローラートランスポーターはゆっくりとしか進めない。白いオービターと、巨大な弾丸のような形をした茶色い燃料タンク（中身はまだからっぽ）、2基の白いロケットブースターを合わせると、スペースシャトルの重さは全部で1200トン。その下の移動式発射台なんて、3700トンもあるんだ！　だから、荷物をのせた状態での最高時速は、たったの1.5キロメートル。組立棟から発射場までいくのに、だいたいいつも5時間以上かかる。

発電機　アルコ社製の推進用ディーゼルエンジン2基で、4台の発電機を回している。発電量は、1台につき1000キロワット。それだけの電気を全部使って、16もあるトラクションモーターを動かしている。

レーザー制御の油圧ジャッキで、発射台の角度を変える。

足場

トラクションモーター

シュー　クローラーのシューは、1枚で重さ約1トン。ひとつのクローラーには、それが57枚ついている。

全体の大きさは幅40メートル、長さ35メートル、重さ約2700トン。

発射場へとゆっくり進む巨大なクローラートランスポーター

>>> ジャイアントマシーン <<<

発射台 移動式発射台をおろしたら、クローラートランスポーターはいったんその場をはなれる。打ち上げ後は、からっぽになった発射台をふたたびのせて組立棟にもどる。

これまでの総走行距離は、2台で4000キロメートルをこえる。アポロ宇宙船を月に送ったサターン5型ロケットも、このクローラートランスポーターで運んだよ。

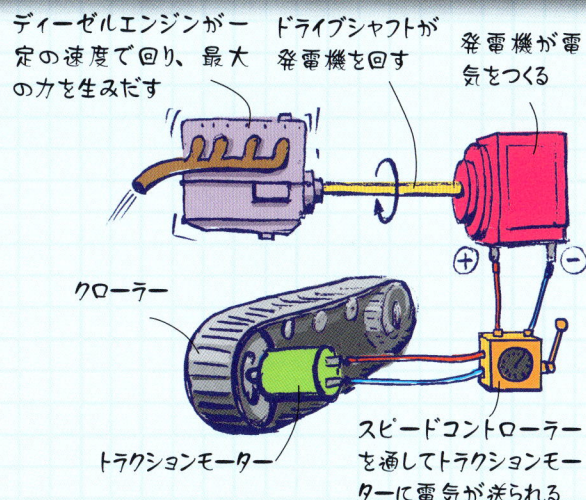

ディーゼルエンジンが一定の速度で回り、最大の力を生みだす
ドライブシャフトが発電機を回す
発電機が電気をつくる
クローラー
トラクションモーター
スピードコントローラーを通してトラクションモーターに電気が送られる

＊ディーゼル・エレクトリック方式の仕組み

ガソリンエンジンやディーゼルエンジンは、最高の働きをする回転速度がかぎられている。速すぎても遅すぎても燃料をむだにしてしまうし、回転の力（トルク）も小さくなるんだ。電気モーターを使うディーゼル・エレクトリック方式なら、この弱点をおぎなうことができる。最適な速度で回り続けるディーゼルエンジンで発電機を動かし、それからその電力を使って、車輪用の強力なトラクションモーターを回転させるという方法だ。

推進用ディーゼルエンジン 2基の大きな推進用ディーゼルエンジン（アルコ社製）は、ディーゼル電気機関車のエンジンをもとにつくられたものだ。

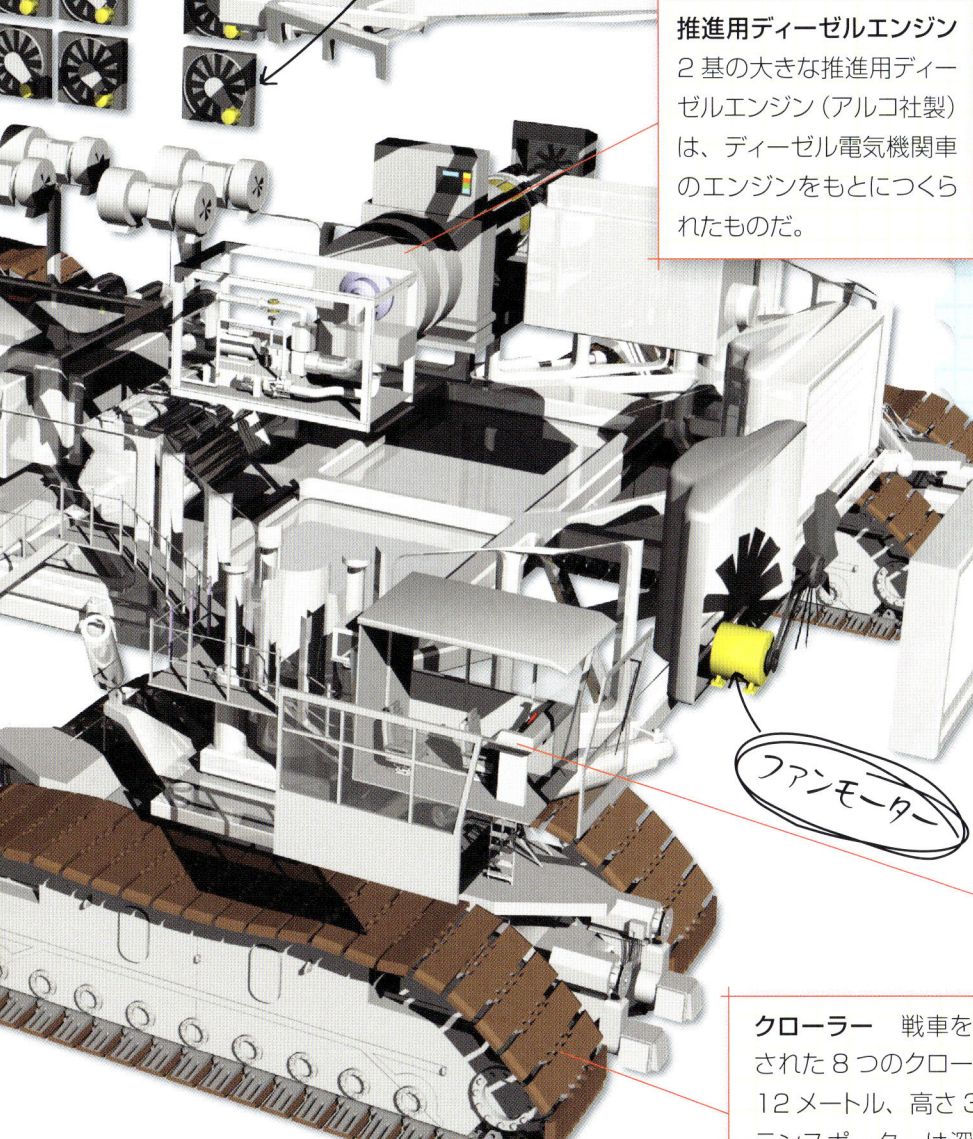

冷却ファン

ファンモーター

ラジエーター のろのろ運転のクローラートランスポーターは、自然な空気の流れだけではエンジンの熱をにがすことができない。だから、巨大なラジエーターと冷却ファンをそなえている。

コントロールキャブ 両サイドにひとつずつコントロールキャブ（運転室）がある。ドライバーはたがいに無線通信で連絡をとりあい、相手側のモニターや制御盤もしっかりと見ている。

クローラー 戦車をベースに設計された8つのクローラーは、長さ12メートル、高さ3メートル。トランスポーターは深さ2メートルの2本の道に、左右の足をのせて進んでいく。

2750馬力の推進用ディーゼルエンジン2基のほかに、1065馬力のエンジンも2基つんでいる。そのエンジンで2台の発電機を回して、油圧システムや冷却システムを動かしているんだ。

31

バケットホイール掘削機

現代社会がもとめてやまないエネルギーも、金属や化学物質も、そのほとんどは地球そのものにある。石炭にしても鉱物にしても、大地をほって、けずって、切り出す巨大な機械がなければ手にはいらないんだ。その中でも最大サイズをほこるバケットホイール掘削機は、はいまわって大地をむさぼり、巨大な円ばんを1回転させるだけで、何百トンもの土や岩をほりだすことができる。

へえ、そうなんだ！

採鉱現場の機械化は何百年も前のはるか昔、木の棒に石や鉄の刃をつけたもので、力まかせにほることから始まった。産業革命のおこった1700年代になって、石炭を燃料とする蒸気式の掘削機が登場。自分のほりだす石炭を使って動く機械、というわけだ。

この先どうなるの？

バケットホイール掘削機はすでに史上最大の陸上車だけど、これからさらに大きくなるかもしれない。現代社会の需要を満たすには、まだまだ力不足だからだ。でも、今後はきっといくつかにわけて製造して、現場に運びこんでから組み立てるようになるだろう。

バケットホイール掘削機はとほうもなく大きいから、つくるのに4年かかるし、操作するのも5〜6人がかりだ。1日に20万トンもの石炭や鉱石をほりだすことができる。

フレーム　メインフレームは、極太の鉄骨を溶接してつくられている。石油をほるためのプラットフォームに、巨大クレーンを合体させたような設計だ。

カウンターウェイト　バケットホイールをつけた長いアームはとても重くて、バランスがとりにくい。だから、ひっくり返らないようにカウンターウェイト（おもり）として、いらない土でいっぱいの大きなコンテナやホッパーをのせている。

第2ユニット　第2コンベヤーの先には第2クローラーがついていて、待ちうけるトラックや貨物列車、ほかのコンベヤー、集積場所など、どこへでも運ばれてきたものをうつせるようになっている。

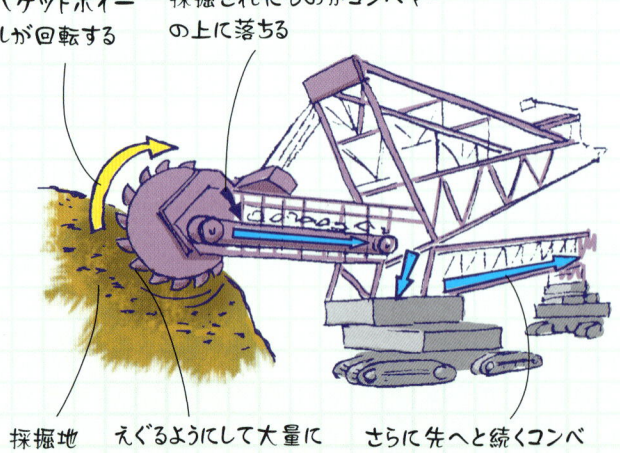

✳ バケットホイールの仕組み

バケットホイール掘削機の自由に動く長いアームの先には、巨大な円ばん（ホイール）がついている。それがゆっくりと回りながら、するどい刃を地面に食いこませて、けずりとった土をバケットの中に入れていくんだ（上の図を見てみよう）。円ばんがぐるりと回ってバケットがさかさまになったら、中身がコンベヤーの上に落ちる。円ばんが1回転したところでクローラーの足で進み、また同じことをくりかえす。

>>> ジャイアントマシーン <<<

✳ とんでもない食いしん坊

巨大掘削機は昼も夜も休みなしで、はうように進んでは土をごっそりと、とても深いところまでけずりとっていく。動物も植物もすむところをうばわれ、あとに残るのは、はだかの大地や岩だけだ。だけど、近年はそんな土地を土でおおい、苗木や花を植え、自然界の住人たちをよびもどそうという動きがある。ただし、どこかほかの採掘現場からいらない土を運んできて、ほったあとをうめてからの話だ。

巨大掘削機に食べつくされ、まるはだかになった大地

ドイツのタフラク社製"バッガー293"は、世界最大の陸上車だ。長さ220メートル、高さ95メートル、重さはなんと1万4000トン。

バケット バケットの刃は、チタン合金などの特別かたい金属でできている。それでも、たびたび交換が必要だ。

最大クラスのバケットホイールとなると、円ばんの直径が20メートルもある。各バケットの容量は、15立方メートル。つまり、たったの1杯でバスタブ100杯分近くだ。

クレーン

コンベヤー

変圧器 バケットホイールやコンベヤー、クローラーなどを動かすための電力は、外から供給されたものを変圧して使っている。

足場 可動部分のほとんどのところまで足場があり、定期点検や修理のときは歩いていけるようになっている。

クローラー バケットホイール掘削機にスピードはもとめられない。いったん持ち場についたら、1分で2〜3メートルも進めば十分だ。そのかわり、次の採掘場所への移動には何週間もかかってしまう。

33

ロンドンアイ

有料の大観覧車ロンドンアイは、イギリス観光最大の目玉だ。ロンドン中心部、テームズ川の南岸にあり、ミレニアムを記念して建設され、2000年に営業を開始したことから、「ミレニアムホイール」ともよばれている。ヨーロッパで一番大きくて、世界でも3番目。この観覧車に乗るときの「フライト」という言葉が、高く上がったときのようすをよくあらわしているね。

へえ、そうなんだ！
遊園地などにある観覧車のことを、英語では「フェリスホイール」ともいう。1890年代に世界初の観覧車をつくったのが、橋を設計していたジョージ・フェリスという人だったからだ。アメリカのシカゴで開催されたコロンビア万博のために、高さ80メートルのものをつくったんだ。

この先どうなるの？
ロンドンアイに続いて、さらに大きな観覧車が登場してきている。まずは、中国の江西省南昌市にできて、それからもっと大きなものがシンガポールで完成した。ほかにも世界各地で大観覧車の建設が計画されている。

こんでいる時間帯にロンドンアイに乗りたいなら、何週間も前に予約をいれておこう。ふらりといってもかまわないけど、数時間待ちということもあるよ。

1周は約30分。すべてのカプセルが満員だとして、一度に最大800人が遊覧を楽しめる。

スポーク この64本のワイヤーロープに働いているのは、引っぱる力だけだ。自転車のスポークと同じで、ささえる力はほとんどない。

✳ 最高のフライト！
東にあるセントポール大聖堂をのぞけば、ロンドンにはながめを楽しめる高い場所がどこにもなかった。これがロンドンアイの計画がもち上がった、大きな理由のひとつだ。ロンドンアイからは国会議事堂、バッキンガム宮殿、タワーブリッジが一望でき、「ガーキン」などの超高層ビル群のむこうに、東の開発エリア「ドックランズ」も見える。晴れた日には40キロメートル先、はるか南のノースダウンズ丘陵まで見わたすことができる。

ハブとスピンドル 長さ23メートルのスピンドルのまわりを、巨大なベアリングにそってハブが回っている。スピンドルとハブの合計重量は330トン。カプセルも入れたロンドンアイ全体となると、2100トンもある。

毎年350万もの人が、ロンドンアイで空を"とんでいる"。

階段

駆動輪 観覧車のリムを回しているのは、まさつの力だ。タイヤをならべて電気モーターで回し、それをリムに押しあてて動かしている。

大観覧車のてっぺんから、ビッグベンの姿を楽しむ観光客

>>> ジャイアントマシーン <<<

高さ135メートル

カプセル カプセルは1台およそ10トン。標準定員は25人だ。誕生日などの特別なときは、1室を借り切って何周も回ることができる。

32台のカプセル

リム リムとよばれる外輪の円周（まわりの長さ）は、424メートル。

A型フレーム構造 昔からある構造のひとつで、古代ローマ時代から使われている。かたむいているけど、だいじょうぶ。1200トンのコンクリートに打ちこまれた6本のケーブルが、後ろからしっかりとささえている。「A」の形をした2本の柱の下にも、2200トンのコンクリートがうめこまれている。

搭乗口 観覧車の回る速度は、1秒に26センチメートルぐらいだ。だから、人をのせるときも、ふつうは止まらなくていい。

コントロールルーム

カプセルはいつも水平にたもたれている

ベアリングと観覧車をつなぐ、しっかりとした支柱

ベアリングの中でカプセルが回転する

✳ カプセルの仕組み

観覧車のカプセルは2本のベアリングの中にはまっていて、くるくると回るようになっている。観覧車の動きにあわせてカプセルが回り、水平の状態をたもつわけだ。そうしておかないと、てっぺんではカプセルが上下さかさまになってしまうよね！ もしもカプセルがひっかかったりしたら、上にいくにつれてかたむきだしたことをセンサーが感知して、警告してくれる。そういうときは逆に回して、トラブルのおこったカプセルを地上にもどすんだ。

ロンドンアイのカプセル（ゴンドラともよぶ）は、まわりが全部ガラスだ。非常ボタンはもちろん、スタッフとの連絡用インターホンもついている。

ロンドンアイの初代スポンサーは英国航空だったけど、2005年にややこしい取引があって、メインスポンサーがかわった。今の正式名称は「メルリン・エンターテイメント・ロンドンアイ」だ。

35

用語解説

アーティキュレート式
車両の頭からおしりまでがまっすぐではなく、とちゅうにつなぎ目があって、折れ曲がることのできる形式。

入れ子式
一部がスライドして、ほかの部分にはいりこむようになっている構造。望遠鏡や、のびるはしご、クレーンのブームなどに使われている。

ウインチ
ロープやケーブルをゆっくりと、かつ力強くまきとる装置。

衛星
ある天体のまわりを回る、別の天体のこと。さまざまな目的で人間がつくった機械の衛星を「人工衛星」といい、とくに地球を回るものをさすことが多い。また、「人工衛星」のことを、「衛星」とよぶことも多い。

液圧式
油や水などの液体に、高い圧力をかけてものを動かす方式。油を使う場合を、油圧式とよぶ。

ガソリンエンジン
ガソリン燃料を使う内燃機関（シリンダーの中で燃料を燃焼させて動力をとりだす機械）で、スパークプラグを使って点火して燃料を燃焼させるもの。

ギア
まわりに歯のついた車輪のような部品。歯と歯がかみあって、ひとつの歯車を回転させると、もうひとつも回転する。ギアはエンジン

動力取出装置

と駆動輪の間などで、回転の速さや力を変えたり、回転方向を変えたりするのに使われる。

空気圧式
空気などの気体に、高い圧力をかけてものを動かす方式。

クランクシャフト
エンジンの主軸。ピストンの上下運動がコネクティングロッドにより伝えられ、クランクシャフトが回転する。

クローラー
シューという板をベルト状につなぎ、複数の車輪をつつみこんだもの。キャタピラー社のブルドーザーで有名になったことから、キャタピラー、カタピラともよばれる。

合金
強くする、軽くする、高い温度にたえられるようにするなどの特別な目的で、いくつかの金属、または金属とそれ以外の物質をまぜ合わせたもの。

サスペンション
車に乗っている人に道路のでこぼこが伝わらないよう、タイヤやクローラーに上下する余裕をあたえる装置。または、車体のゆれをおさえ、乗り心地をよくするシステムのこと。

GPS
グローバル・ポジショニング・システム（全地球測位システム）の略。地球の上空を回る20以上の人工衛星が、それぞれの位置や時間の情報を送ってきている。その電波をGPS受信機（カーナビなど）でうけとることで、自分がどこにいるのか知ることができる。

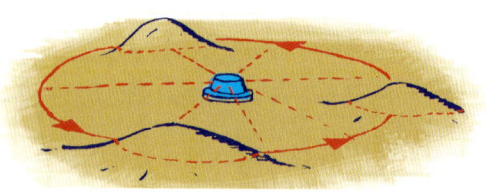

レーザーレベリングシステム

GPSナビゲーションシステム
宇宙を航行するGPS衛星からの無線信号をもとに、現在位置を調べ、道案内するシステム。

ジブ
クレーンの腕の部分で、ブームともいう。上下、左右に角度を変えられる。

シャーシ
車のフレーム、つまり基本構造をつくる骨組みで、車の強度を決める。ここにエンジンや座席など、ほかの部品がのせられる。

重力
大きさにかかわらず、すべてのものがもつ、たがいに引き合う力。重い物体は軽い物体よりも重力が大きい。地球の重力は、地球の中心にむかって引く力と、地球の自転による遠心力を合わせた力になっている。

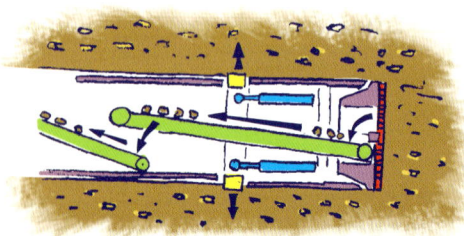

トンネル掘進機

シリンダー
エンジンなどの機械に使われる、つつ状の部品。ちょうどぴったり合う大きさのピストンがはいっていて、中で動くようになっている。

ターボチャージャー
タービン（回転するシャフトにななめの羽根がついた、扇風機のような装置）を利用して、空気を送りこむ機械。車やジェット機のエンジンなど、さまざまなものに使われている。

ダンパー
急なゆれや振動などを弱める部品。車両のサスペンションに使われる場合には、ショックアブソーバーともよばれる。

>>> ジャイアントマシーン <<<

ディーゼルエンジン
ディーゼル燃料を使う内燃機関（シリンダーの中で燃料を燃焼させて動力をとりだす機械）で、スパークプラグを使って点火するのではなく、高い圧力で高温になることを利用して、燃料を燃焼させるもの。

デファレンシャル（デフ）
車両が方向を変えるとき、左右の駆動輪をことなる速度で回転させる部品。カーブに対して外側の車輪は、少し速く回転しなければならない。内側の車輪よりも大回りするため、距離が長くなるからだ。左右の車輪が同じ速度で回転したら、車体は大きくゆれたり、横すべりしたりする。

等速ジョイント
2つの軸をつなぐ部品で、片方の軸の回転を、そのままの速さ（等速）でもう一方へと伝える。

ドライブシャフト
エンジンやモーターにつながっている回転軸で、たとえば、船のスクリューやブルドーザーのクローラーといった、ほかの部品に動力を伝えるためにある。

燃料
化学エネルギーという形で、中にたくさんのエネルギーをもっている物質。ふつう燃やすことによって、そのエネルギーをとりだす。また、燃やす以外の方法でエネルギーをとりだす場合もある。たとえば、燃料電池の燃料の水素は、燃やさずそのまま電気にかわる。

バケットホイール掘削機

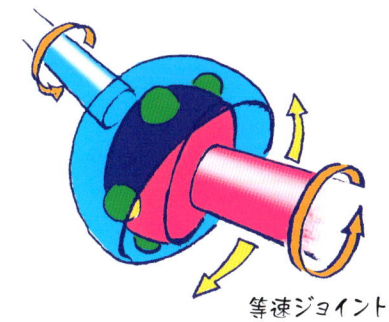
等速ジョイント

バケット
土砂や鉱石をすくうための容器。バックホウローダーやホイールローダー、バケットホイール掘削機などに使われていて、大きさも形もいろいろある。

発電機
運動エネルギー（ものの動きのもつエネルギー）を電気に変える装置。

ピストン
太い棒のような部品で、形は缶づめやジュースなどの缶に似ている。つつ状のシリンダーの中にぴったりとすきまなくはいっていて、シリンダーの中を行ったりきたりする。

ブレード
金属でできた板のこと。ブルドーザーやグレーダーでは、土砂をけずりとったり、押して運んだりするのに使い、ミキサー車では、生コンクリートをかきまぜるのに使われている。

ベアリング
回転運動などでパーツどうしがこすれ合ってすりへるのをふせぎ、効率よく動くようにするために設計された部品。たとえば回転する軸と、それがとりつけられている部分との間に使われる。

ホッパー
生コンクリートや土砂を一時的に入れる、じょうご型の貯蔵容器。底が開くようになっている。

まさつ
2つの物体がふれ合って動くとき、その運動をさまたげるような力が働く現象。運動エネルギーの一部が音や熱に変わって失われたり、ものがすりへる原因になったりする。

アーティキュレート・ステアリング

ラジエーター
車のような乗りものには、エンジンなどから出る熱を冷やす装置がある。この装置には表面積が大きくなるように、薄い板がたくさんとりつけられている。たとえば、水冷式のエンジンなら、エンジンの熱であつくなった水は、ラジエーターの中を通り、冷却されてからエンジンにもどっていく。

レーザー
エネルギーの大きな特別な光。すべての光の波長が同じで、まじりけのないただ1色の光になっている。ふつうの光は進むうちに広がってしまうが、レーザー光は広がらず、まっすぐ平行に進む。

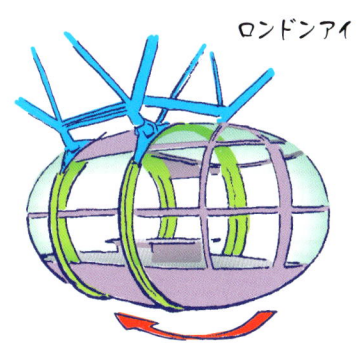
ロンドンアイ

37

● 著者
スティーブ・パーカー
科学や自然史の書籍を数多く執筆・監修しており、その数は200冊をこえる。
動物学理学士の学位取得。ロンドン動物学会のシニア科学会員。

● イラストレーター
アレックス・パン
350冊以上の書籍でイラストを描いている。高度なテクニカル・アートを専門とし、各種の3Dソフトを使って細部まで描き込み、写真のように精密なイラストを作りあげている。

● 訳者
上川典子
（翻訳協力：トランネット）

最先端ビジュアル百科 「モノ」の仕組み図鑑 ❼

ジャイアントマシーン

2011年2月25日 初版1刷発行

著者／スティーブ・パーカー　　訳者／上川典子

発行者　荒井秀夫
発行所　株式会社ゆまに書房
　　　　東京都千代田区内神田 2-7-6
　　　　郵便番号　101-0047
　　　　電話　03-5296-0491（代表）

印刷・製本　株式会社シナノ
デザイン　高嶋良枝
©Miles Kelly Publishing Ltd　　Printed in Japan
ISBN978-4-8433-3523-9 C8650

落丁・乱丁本はお取替えします。
定価はカバーに表示してあります。